普通高等教育材料类系列教材

模具材料

第2版

主　编　高为国
副主编　楼　易　郭明康
参　编　郝晨声　翟红雁　林文松　马红萍
主　审　刘舜尧

机械工业出版社

本书是由普通高等教育应用型本科材料成形及控制工程专业（模具方向）教材编审委员会组织编写的系列教材之一。全书共七章，内容包括模具失效与使用寿命、模具材料概述、冷作模具材料及热处理、热作模具材料及热处理、塑料模具材料及热处理、其他模具材料及热处理以及模具表面处理技术。全书力求理论联系实际，系统介绍各类模具的失效及使用寿命、常用模具材料的专业知识和热处理工艺、模具的常用表面处理技术等内容，突出国内外模具方面的新材料、新工艺、新技术。本书内容丰富，实用性强，反映了近年来国内外在模具方面的最新研究成果和主要发展方向。

本书可作为普通高等教育应用型本科材料成形及控制工程专业（模具方向）的教材，也可供从事模具设计、制造、热处理等工作的有关工程技术人员参考。

图书在版编目（CIP）数据

模具材料/高为国主编. —2版. —北京：机械工业出版社，2017.10（2021.1重印）

普通高等教育材料类系列教材

ISBN 978-7-111-57197-1

Ⅰ.①模… Ⅱ.①高… Ⅲ.①模具-工程材料-高等学校-教材 Ⅳ.①TG76

中国版本图书馆CIP数据核字（2017）第146458号

机械工业出版社（北京市百万庄大街22号 邮政编码100037）
策划编辑：冯春生 责任编辑：冯春生 章承林
责任校对：樊钟英 封面设计：张 静
责任印制：郜 敏
河北宝昌佳彩印刷有限公司印刷
2021年1月第2版第3次印刷
184mm×260mm · 9印张 · 217千字
标准书号：ISBN 978-7-111-57197-1
定价：25.00元

凡购本书，如有缺页、倒页、脱页，由本社发行部调换

电话服务
服务咨询热线：010-88379833
读者购书热线：010-88379649

网络服务
机 工 官 网：www.cmpbook.com
机 工 官 博：weibo.com/cmp1952
教育服务网：www.cmpedu.com
金 书 网：www.golden-book.com

第2版前言

本书是普通高等教育应用型本科材料成形及控制工程专业（模具方向）系列教材之一，是根据本专业的人才培养定位和“模具材料”课程的教学基本要求编写的。自本书第1版出版以来，由于其内容编排合理，文字叙述简洁，图表选用适当，紧密联系实际，有较强的实用性，深受广大师生和工程技术类读者的欢迎。但随着教育教学改革的不断深入和模具材料的不断发展，原书中的部分内容也需要进行更新与完善。因此，在广泛收集各类使用意见和建议的基础上，特邀请部分专家和相关编者进行了本次修订工作。

本次修订的主要内容有：根据相关国家标准，进一步规范了相关概念、名词术语、材料分类等方面的描述，修改和完善了模具材料的牌号表示方法、性能指标要求及其典型应用，调整并优化了书中文字与图表之间的对应关系，修改并更新了图表中的相关信息，规范了模具材料相关性能指标的代表符号及其单位，删减或合并了前后章节中具有重复倾向的相关内容，增补了附录部分。其他部分的文字叙述只在原书内容的基础上进行了局部的调整与完善，并保留了原书的内容结构与编写风格。

本书的编写人员有：湖南工程学院高为国（绪论、第一章）、浙江科技学院马红萍（第二章）、江汉大学郭明康（第三章）、浙江科技学院楼易（第四章）、黑龙江工程学院郝晨声（第五章）、上海工程技术大学林文松（第六章）、北华航天工业学院翟红雁（第七章）。全书由高为国担任主编，楼易、郭明康担任副主编，中南大学刘舜尧教授担任主审。

在本书的修订过程中，借鉴了国内部分普通高等院校的教学改革经验，参考了部分国内外的相关教材、学术著作和文献资料，得到了众多应用型本科院校教师的大力支持与帮助，在此特向相关人员和单位表示衷心的感谢！

由于编者的实践经验和编写水平有限，书中不足之处在所难免，敬请广大读者批评指正。

编　者

第1版前言

本书是根据2003年1月普通高等教育应用型本科材料成形及控制工程专业（模具方向）教材编审委员会上海教材研讨会所拟订的大纲编写的。本书可作为普通高等教育应用型本科材料成形及控制工程专业的教材，也可供从事模具设计、制造、热处理等工作的有关工程技术人员参考。

随着我国模具工业的迅速发展，对模具的需求量日益扩大，对模具质量、使用寿命的要求也越来越高。合理地选择模具材料、制订正确的热处理工艺、选取适当的表面处理方法、研究和开发新型模具材料等都是十分必要的。而作为普通高等教育应用型本科材料成形及控制工程专业（模具方向），更应该注意理论与实际的结合，加强工程实践能力的培养。随着模具材料和热处理工艺的发展，涌现出了许多新材料、新工艺、新技术，独立设置“模具材料”课程，既符合目前普通高等教育应用型本科材料成形及控制工程专业的教学需要，又充分体现了对普通高等教育应用型本科教学内容“厚基础、宽口径、重应用”的实际要求。

本书共分为七章，分别介绍了模具失效与使用寿命、模具材料概述、冷作模具材料及热处理、热作模具材料及热处理、塑料模具材料及热处理、其他模具材料及热处理以及模具表面处理技术等内容。书中所含内容丰富，文字表达通俗易懂，深入浅出，实用性强，集中反映了近年来国内外模具材料、热处理工艺及表面处理技术方面的研究和应用成果。

参加本书编写的有湖南工程学院高为国（绪论、第一章）、浙江科技学院马红萍（第二章）、江汉大学郭明康（第三章）、浙江科技学院楼易（第四章）、黑龙江工程学院郝晨声（第五章）、上海工程技术大学林文松（第六章）、北华航天工业学院翟红雁（第七章）。全书由高为国担任主编，楼易、郭明康担任副主编，中南大学刘舜尧教授担任主审。

本书是普通高等教育应用型本科材料成形及控制工程专业“模具材料”课程的教材，在编写过程中充分吸收了国内多所高等院校近年来的教学经验，得到了众多兄弟院校的大力支持和帮助，在此表示衷心的感谢。

由于作者的编写水平和实践经验有限，书中缺点和不当之处在所难免，敬请有关专家和广大读者批评指正。

编　者

目　　录

绪 论

一、模具材料的作用和地位

模具是材料成形加工中的重要工艺装备，是机械、电子、轻工、国防等工业生产的重要基础之一。利用模具可以实现少、无切削加工，从而提高生产效率、降低成本。由于模具成形具有高产、优质、低耗等特点，因而其应用十分广泛。其中，模具成形占飞机、汽车、拖拉机、机电产品成形加工的60%~70%，占家电产品、塑料制品成形加工的80%~90%。

随着模具工业的迅速发展，对模具的使用寿命、加工精度等提出了更高的要求。模具材料性能的好坏和使用寿命的长短，将直接影响加工产品的质量和生产的经济效益。而模具材料的种类、热处理工艺、表面处理技术是影响模具使用寿命极其重要的因素，所以世界各国都在不断地采用研究和开发新型模具材料、改进模具的热处理工艺、选用适当的表面处理技术、合理地设计模具结构、加强对模具的维护等措施，来稳定和提高模具的使用寿命，防止模具的早期失效。

模具材料的使用性能将直接影响模具的质量和使用寿命。模具材料的工艺性能将主要影响模具加工的难易程度、加工质量和生产成本。为此，应合理选择模具材料，改进热处理工艺和表面处理工艺，大力推广模具生产中的新材料、新工艺和新技术。

二、模具材料的应用与发展

在新中国成立以来的60多年中，我国的模具工业发展迅速，现已成为独立的工业体系，特别是1989年国务院在《当前产业政策要点的决定》中将模具列为“机械工业技术改造序列的第一位”以来，在模具材料的研制与开发、模具的热处理工艺、模具的表面处理技术等各方面都取得了巨大的成就。目前，我国的模具钢产量已跃居世界前列，基本满足了模具制造业的需要，已逐步发展成为国民经济中重要的基础工业。

在冷作模具钢方面开发出了一批性能优良的新钢种，如6Cr4W3Mo2VNb（65Nb）、6CrNiMnSiMoV（GD）、7Cr7Mo2V2Si（LD）、9Cr6W3Mo2V2（GM）、Cr8MoWV3Si（ER5）钢等。这些模具钢具有较高的强韧性、耐磨性以及良好的综合工艺性能，可用于冷挤压模、冷镦模、冷冲模、切边模等冷作模具，并使其使用寿命成倍提高。

在热作模具钢方面，结合我国矿产资源研制和开发了3Cr3Mo3W2V（HM1）、3Cr3Mo3VNb（HM3）、5Cr4W5Mo2V（RM2）、4Cr3Mo3W4VNb（GR）、4Cr5MoSiV1（H13）、4Cr3Mo2NiVNbB（HD）、5Cr4Mo3SiMnVAl（012Al）、6Cr4Mo3Ni2WV（CG2）钢等。这些钢具有高的热稳定性、高温强度、耐磨性及抗热疲劳性，常用于制造热挤压模、热锻模、热冲压模、热镦模、压铸模等，其使用寿命比5CrNiMo和5CrMnMo钢提高数倍。

在塑料模具钢研究方面，科技人员相继开发了Y55CrNiMnMoV（SM1）、Y20CrNi3AlMnMo（SM2）、5CrNiMnMoSCa、06Ni6CrMoVTiAl（06Ni）、25CrNi3MoAl、0Cr16Ni4Cu3Nb（PCR）、

10Ni3MnMoCuAl（PMS）钢等。这些钢具有适当的强韧性，热处理工艺简单，变形小，易于切削加工，常用于挤塑模、压塑模、注射模、吹塑模等模具的生产。

用于制造模具的普通硬质合金和钢结硬质合金材料正在走向成熟，目前已在冷冲裁模、拉丝模、冷镦模、无磁模等模具上广泛应用。与传统模具材料相比，其使用寿命大幅度提高。如采用钢结硬质合金制造的M12冷镦模，使用寿命在100万次以上；采用普通硬质合金材料制造的硅钢片高速冷冲裁模，使用寿命可达上亿次。

在模具的表面处理技术上也有了很大的发展，除了有传统的渗碳、渗氮、氮碳共渗、渗硫、渗硼、渗金属等工艺被广泛使用外，还发展了气相沉积技术、热喷涂技术、激光表面处理技术、离子注入技术、电子束表面处理技术等，有效地提高了模具的性能和使用寿命。

虽然我国的模具材料和模具表面处理技术有了较大发展，但与发达国家相比仍存在着一定的差距，模具材料的生产和使用水平还有待进一步提高。

我国模具材料及其处理技术的发展前景十分广阔。应积极开发和引进高性能的新型模具材料，增加模具钢材的品种、规格，形成符合我国资源情况的系列化和标准化的模具材料，以满足不同模具的使用性能和寿命的要求；重视模具的设计、选材、加工、处理、检验等全过程控制，不断降低生产成本，提高经济效益；加强对模具的新技术、新材料、新工艺的研究，发展模具的成套加工精密设备，提高模具生产的整体水平。

三、本课程的性质、教学目标和基本要求

模具材料是普通高等教育应用型本科材料成形及控制工程专业（模具方向）的一门专业课程，虽然学生已经学过一些工程材料方面的知识，对材料及热处理、材料成形加工等有了初步的了解，但缺少对模具选材、加工等综合分析方法的训练，缺少模具新材料、新工艺、新技术方面的知识，与模具设计、制造工艺之间的联系不够紧密；同时，由于模具材料种类繁多，性能各异，模具的使用性能和使用寿命都与合理选择模具材料、确定合适的热处理工艺、采用适当的表面处理技术等有密切关系。因此，编写该教材的目的，就在于使学生能够较全面地了解各种模具材料的性能、热处理工艺、表面处理技术，并且根据模具的具体服役条件、模具结构合理地选择模具材料，正确地制订模具的生产工艺，从而提高模具的使用寿命，降低生产成本，提高产品的经济效益。

通过本课程的学习，希望学生能达到如下基本要求：

1）了解常见模具的失效分析方法。

2）熟悉常用的模具材料、热处理工艺及模具的表面处理技术。

3）明确模具材料、热处理工艺及表面处理技术与模具使用性能、使用寿命、生产成本、经济效益之间的关系。

4）掌握常用的冷作模具材料、热作模具材料、塑料模具材料以及其他模具材料的牌号、主要成分、性能特点、工艺特点、主要用途等，并能合理地选择模具材料及热处理方法。

5）熟悉各类常见的模具表面处理工艺，并能进行合理选用。

本课程的理论性和实践性都很强，而钢的热处理原理与工艺、合金钢等知识是其重要的理论基础。因此，在学习本课程时，应紧密结合以上两部分内容进行深入学习。其次，还应注意实践知识的学习，尽可能多地参观一些模具的生产和使用厂家，增加专业感性认识。同时将模具材料与其他相关的专业课程结合起来，认真分析模具的生产工艺、设计方法、失效形式及原因等，以便更好地学好本课程。

第一章 模具失效与使用寿命

模具失效是指模具丧失正常的使用功能，不能通过一般的修复方法（如刃磨、抛磨等）使其重新服役的现象。模具失效既有达到预定寿命的正常失效，也有远低于预定寿命的非正常失效（早期失效）。正常失效比较安全，而非正常失效则不然，常常造成人身或设备的恶性事故，并造成经济上的损失，因此应尽量加以避免。通过对模具失效进行分析，找出模具失效的具体原因，则可以采取相应的措施加以改进，以提高模具的使用寿命。

模具使用寿命（也称为模具正常寿命）是指模具在正常失效前生产出合格产品的数目，若其在使用过程中经过多次修模，则模具的使用寿命为首次寿命与各次修模寿命的总和。模具寿命是在一定时期内模具材料性能、模具设计与制造、模具热处理工艺、模具使用与维护等各项指标的综合体现，在一定程度上反映了一个国家或地区的冶金、机械制造等工业水平。

第一节 模具的失效分析

模具的失效分析是指对已经失效的模具进行失效过程的分析，并研究和分析模具失效的原因以及影响模具失效过程的各种因素。模具的失效分析结果可以为优化模具结构设计、正确制订模具制造工艺、合理选用模具材料、改进模具热处理工艺以及研发模具的新材料、新技术、新工艺等提供数据型基础依据。

要研究模具的失效问题，就要了解各类模具的服役条件和失效形式，以便分析其失效原因，合理地选择模具材料，改进模具的设计、加工和热处理工艺，提出预防或推迟失效的措施，不断提高模具的使用寿命。

一、模具的损伤与失效

模具在服役中产生过量塑性变形、表面损伤、开裂与断裂、冷热疲劳、腐蚀等损伤破坏后，将会失去原有功能，以致不能正常服役，这些现象均称为失效。如冷冲裁模刃口的过度磨损或崩刃，热挤压冲头的镦粗变形，热锻模出现冷热疲劳裂纹等均属于失效。

模具的失效一般都存在一个变化过程，如断裂失效就可能经历表面产生缺陷、形成表面微裂纹、裂纹扩展、最后断裂的变化过程。模具在使用过程中，出现变形、微裂纹、腐蚀等现象但没有立即丧失服役能力的现象称为模具损伤。模具在工作时，不同部位承受不同的作用力和不同的温度变化，可能同时出现多种不同的损伤形式，各种损伤形式之间又会相互渗透、相互促进、不断累积。例如，磨损沟痕可能成为疲劳裂纹的萌生源，加快疲劳裂纹的萌生速度，若磨损沟痕深而尖，则其本身可能成为一次断裂的起裂点；在模具表面出现冷热疲劳裂纹后，表面粗糙度严重恶化，会进一步加剧模具的磨损；此外，在冷热疲劳裂纹的底部，会由于应力集中的出现而加速机械疲劳裂纹的萌生，加速疲劳断裂。显然，损伤是模具破坏的起源，损伤的累积可导致模具的失效。

模具失效一般可分为非正常失效（也称早期失效）和正常失效两类。模具未达到一定工业技术水平公认的使用寿命而产生的失效称为非正常失效。非正常失效一般发生在模具使用的初期，主要是由模具设计和制造过程中产生的缺陷引起的，失效出现的概率很高，且随着模具使用期限的延长而迅速降低。

在模具使用一定期限后，由缓慢塑性变形、均匀磨损或疲劳破坏而出现的失效称为正常失效。模具经过使用初期的考验后即进入正常的使用阶段。在理想的情况下，模具未达到正常使用寿命就不会发生失效。但由于工作条件的变化、操作者的使用水平不同、管理者的失误等原因而造成的某些损伤，也将导致模具的失效，但这种失效的概率很低。在模具经过了长期使用后，由于使用损伤的大量累积，致使模具发生失效，即达到了模具的使用寿命极限。在模具的使用过程中，注意做好经常性的检查、维护和保养工作，可有效地推迟正常失效的到来，有助于提高模具的使用寿命。

二、模具失效的分类

模具失效是模具在使用过程中所出现的一种正常现象，但由于人们研究模具失效的目的不同，对模具失效的分类方法也有所不同，除了前面已经提到的非正常失效和正常失效以外，还有以下常见的分类方法。

（1）过量变形失效　主要包括过量弹性变形失效、过量塑性变形（如局部塌陷、局部镦粗、型腔胀大等）失效、蠕变超限等。

（2）表面损伤失效　主要包括表面磨损（如黏着磨损、磨料磨损、氧化磨损、疲劳磨损等）失效、表面腐蚀（如点腐蚀、晶间腐蚀、冲刷腐蚀、应力腐蚀等）失效、接触疲劳失效等。

（3）断裂失效　主要有塑性断裂失效、脆性断裂失效、疲劳断裂失效、蠕变断裂失效、应力腐蚀断裂失效等。

三、模具的失效机理分析

实际生产中使用的模具种类繁多，工作状态差别很大，损伤形式和损伤部位各不相同，因而失效机理也有差别。

（一）磨损失效

由于模具表面的相对运动，而使模具的接触表面逐渐失去物质的现象称为磨损。模具在工作中会与坯料的成形表面相接触，产生相对运动而造成磨损，当这种磨损使模具的尺寸发生变化或使模具表面的状态发生改变而使其不能正常工作时，则称为磨损失效，一般包括正常磨损失效和非正常磨损失效两种。

正常磨损失效是指模具的工作部位与零件材料之间产生的均匀摩擦磨损，而使模具工作部位的形状、尺寸、精度等发生变化所形成的失效；非正常磨损失效是指在局部外力或环境因素作用下，模具工作部位与零件材料之间发生咬合，引起模具工作部位的形状、尺寸、精度等发生突变而导致的失效。

磨损有很多种类型，按磨损机理不同可分为磨粒磨损、黏着磨损、疲劳磨损、气蚀和冲蚀磨损、腐蚀磨损等。

1. 磨粒磨损

工件表面的硬凸出物和外来硬质颗粒在加工时刮擦模具表面，引起模具表面材料脱落的现象称为磨粒磨损。磨粒磨损的机理如图 1-1 所示。

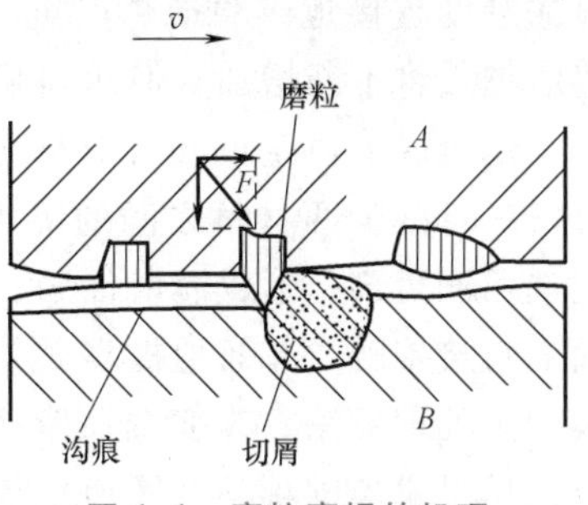

图 1-1 磨粒磨损的机理

当磨粒与工件和模具表面相接触时，作用在磨粒上的作用力可分为与模具表面平行和垂直的两个分力，垂直分力使磨粒压入金属表面，平行分力使磨粒与金属表面产生相对切向运动，从而构成了一个完整的磨粒磨损过程。采用模具成形时，通常模具硬度比工件高，则磨粒首先被压入工件内，当模具与工件产生相对运动时刮擦模具，从模具表面切下细小的碎片，形成磨粒磨损。当模具表面存在凹坑、沟槽等缺陷时，磨粒可能会嵌在其中或黏结在模具的表面上随模具一起运动，磨粒将会耕犁或犁皱工件表面，影响工件的加工质量。

影响磨粒磨损的因素主要有磨粒的形状和大小、磨粒硬度与模具材料硬度的比值、模具与工件的表面压力、工件厚度等。磨粒的外形越尖，则磨损量越大；磨粒的尺寸越大，模具的磨损量越大，但当磨粒的尺寸达到一定数值后，磨损量则会稳定在一定的范围内；磨粒硬度与模具材料硬度的比值小于 1 时，磨损量较小，比值增加到 1 以上时，磨损量急剧增加，而后逐渐保持在一定的范围内；随着模具与工件表面压力的增加，磨损量会不断增加，当压力达到一定数值后，由于磨粒的尖角变钝而使磨损量的增加得以减缓；工件厚度越大，磨粒嵌入工件的深度越深，对模具的磨损量减小。

通过上面的分析可知，提高模具材料的硬度，可以提高抵抗磨粒嵌入的能力，有利于减少模具的磨损量；对模具进行表面耐磨处理可以在保证模具具有一定韧性的条件下，提高其耐磨损性能；在模具的使用过程中，及时清理模具和工件表面上的磨粒，可以减少磨粒侵入的概率，能有效地减少模具的磨损。

2. 黏着磨损

由于模具与工件表面的凸凹不平，使其在相对运动中造成黏着点发生断裂而使模具材料产生剥落的现象称为黏着磨损。黏着磨损的机理如图 1-2 所示。

由于模具和工件表面存在一定的不平度，其中只有少数微观凸起的部分相接触，峰顶承受的压力很大（有时会高达 5000MPa），因而导致模具局部表面的塑性变形，并且由于塑性变形和摩擦而产生很高的热量，破坏了模具材料表层的润滑膜和氧化膜，造成新鲜模具材料表面的暴露 ，而与工件材料产生原子之间的相互吸引和相互渗透，造成材料之间的局部黏着。随着模具和工件之间相对运动的进行和接触部分的迅速冷却，峰顶金属相当于进行了一次局部淬火处理，黏着部分的金属强度与硬度迅速提高，形成淬火裂纹，并在运动中造成撕裂和最后剥落，形成黏着磨损。

影响黏着磨损的主要因素有材料性质、材料硬度、表面压力等。根据金属的强度理论可知，塑性材料的破坏取决于切应力，脆性材料的破坏取决于正应力，而在表面接触中，最大正应力作用在表面上，最大切应力出现在离表面一定深度处。因而可知，材料的塑性越高，则黏着磨损越严重。相同的金属或者互溶性大的金属形成摩擦副时，黏着效应明显，易产生黏着磨损。从材料的组织结构来看，具有多相组织的金属材料，由于其强化效果因而比单相金属材料具有更高的抗黏着磨损能力。模具材料与工件材料的硬度越接近，磨损越严重。随着表面压力的增大，黏着磨损量将不断增加，但达到某一范围后会逐渐趋缓。

通过以上讨论可知，选择与工件材料互溶性小的模具材料，可减少两材料之间的溶解性，降低黏着磨损量；合理选用润滑剂，形成润滑油膜，可以防止或减少两金属表面的直接接触，有效地提高其抗黏着磨损能力；采用多种表面热处理方法，改变金属摩擦表面的互溶性质和组织结构，尽量避免同种类金属相互摩擦，可降低黏着磨损。

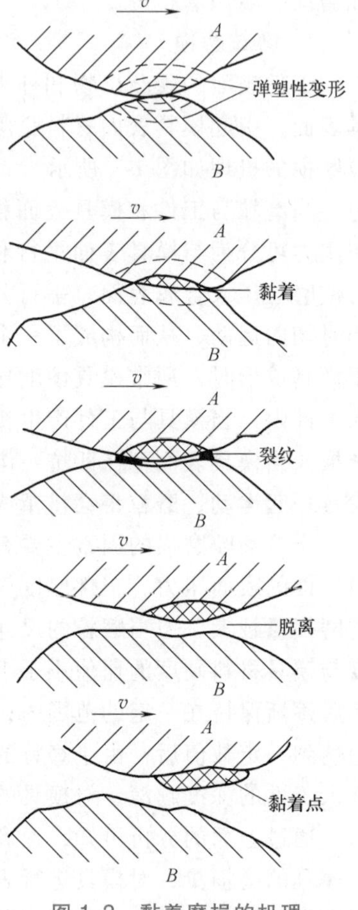

图 1-2　黏着磨损的机理

3. 疲劳磨损

在循环应力作用下，两接触面相互运动时产生表层金属疲劳剥落的现象称为疲劳磨损。在模具和工件的相对运动中，会承受一定的作用力，模具的表面和亚表面存在多变的接触压力和切应力，这些应力反复作用一定的周期后，模具表面就会产生局部的塑性变形和冷加工硬化现象。在那些相对薄弱的地方，会由于应力集中而形成裂纹源，并在外力的作用下扩展，当裂纹扩展到金属表面或与纵向裂纹相交时，便形成磨损剥落。

影响疲劳磨损的因素主要有材料的冶金质量、材料硬度、表面粗糙度等。钢中的气体含量，非金属夹杂物的类型、大小、形状和分布等，都是影响疲劳磨损的重要因素，特别是脆性较大和带有棱角的非金属夹杂物的存在，破坏了基体的连续性，在循环应力的作用下，会在夹杂物的尖角处形成应力集中，并因塑性变形引起冷加工硬化而形成疲劳裂纹。材料硬度的影响比较特殊，一般情况下硬度提高，可以增加模具表面的抗疲劳能力，但硬度过高时又会加快疲劳裂纹的扩展，加速疲劳磨损。材料的表面粗糙，会使接触应力作用在较小的面积上，形成很大的接触应力，加速疲劳磨损，因此减小模具表面粗糙度值可以提高模具的抗磨损能力。

为了更好地提高模具的抗疲劳能力，应选择合适的润滑剂，用以润滑模具与工件的表面，避免或减少模具与工件材料之间的直接接触，降低接触应力，减少疲劳磨损量。另外，可以在常温状态下，通过对模具表面进行喷丸、滚压等表面技术处理，使模具的工作表面因受压变形而产生一定的残余压应力，有利于提高模具的抗疲劳磨损能力。

4. 其他磨损

除上述几种主要的磨损形式外，还有气蚀磨损、冲蚀磨损、腐蚀磨损等。

(1) 气蚀磨损　由于金属表面的气泡发生破裂，产生瞬间的高温和冲击作用，使模具表面形成微小麻点和凹坑的现象称为气蚀磨损。

当模具表面与液体相接触并产生相对运动时，在其表面上形成的气泡会流到高压区，当气泡承受的压力超过其内部压力时，便会发生破裂，并在瞬间产生极大的高温和冲击力，作用在模具的局部表面上，经过多次反复作用后，会在模具的近表面处形成疲劳裂纹，扩展后会导致局部金属脱离模具表面或汽化，形成泡沫海绵状空穴，即气蚀磨损。

（2）冲蚀磨损　固体和液体的微小颗粒以高速冲击的形式反复落到模具的表面上，使模具表面的局部材料受到损失而形成麻点或凹坑的现象称为冲蚀磨损。

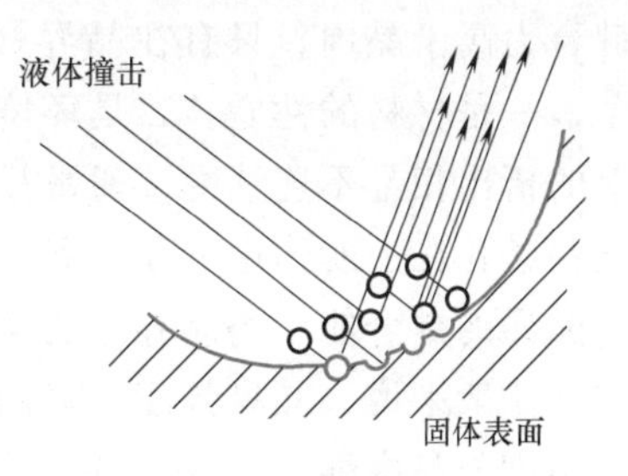

图 1-3　冲蚀磨损的机理

高速冲击模具表面的液体微粒，落下时会产生很高的应力，一般会超过金属材料的屈服强度或强度极限，使模具表面材料发生局部塑性变形或局部断裂。那些速度不高的液体微粒进行反复冲击后，也会使模具表面出现疲劳裂纹，因而形成麻点和凹坑，导致冲蚀磨损的出现。冲蚀磨损的机理如图 1-3 所示。

（3）腐蚀磨损　在工作过程中，模具表面与其周围的环境介质发生化学或电化学反应，以及模具与工件之间的摩擦作用而引起模具表层材料脱落的现象称为腐蚀磨损。

当模具材料与工件材料在一定的环境中产生摩擦时，金属材料便与环境介质产生化学或电化学反应，并形成反应物。在随后的模具与工件之间的相对运动中被磨掉，即形成了腐蚀磨损。

腐蚀磨损经常会发生在潮湿或高温的环境中，特别是在有酸、碱、盐等介质存在的特殊条件下更容易发生。腐蚀磨损的常见形式一般为氧化腐蚀磨损和特殊介质腐蚀磨损。由此可见，模具材料的性质、工作环境介质、温度、湿度等都是影响腐蚀磨损的重要因素。可以通过正确地选用模具材料、合理地改善工作环境等措施来提高模具的耐腐蚀磨损性能。

（二）断裂失效

模具在工作中出现较大裂纹或部分分离而丧失正常服役能力的现象称为断裂失效。模具断裂通常表现为产生局部碎块或整个模具断成几个部分，模具断裂形式如图 1-4 所示。对于模具来说，断裂是最严重的失效形式。断裂失效有很多种分类方法，按照断裂的性质可分为脆性断裂和韧性断裂；按照断裂路径可分为沿晶断裂、穿晶断裂、混晶断裂；按照断裂机理可分为一次性断裂和疲劳断裂等。由于模具材料多为中、高强度钢，塑性相对较差，断裂时没有或仅有少量的塑性变形产生，因而经常表现为脆性断裂。

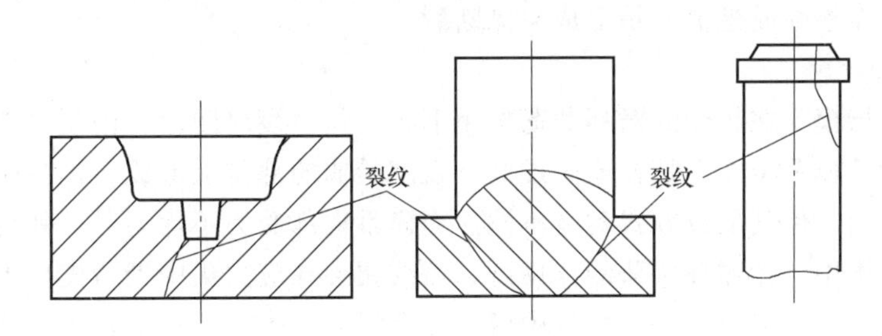

图 1-4　模具断裂形式

1. 一次性断裂

模具在承受很大变形力或在冲击载荷的作用下，产生裂纹并迅速扩展所形成的脆性断裂称为一次性断裂。一次性断裂的断口呈结晶状，根据裂纹扩展路径的走向不同，可将其分为沿晶断裂和穿晶断裂两种。

（1）沿晶断裂　是指裂纹沿晶界扩展而造成材料脆性断裂的现象。一般情况下晶界处的键合力高于晶内，只有在晶界被弱化时才会产生沿晶断裂。造成晶界弱化的基本原因有两个，一是材料的性质，二是环境介质或高温的促进作用。晶界是易形成析出相的地方，晶界上的析出相是不连续的，通常呈块状、球状、棒状或树枝状分布，在析出相周围存在微孔，这些微孔在力的作用下经扩展、连通而形成裂纹；杂质元素的原子经常存在于晶界上，会降低晶界的键合能，当晶界上的杂质元素含量达到某一数值时，便会引起沿晶断裂。

一般来说，晶界强度与晶内强度都随温度发生变化，如图 1-5 所示。在某一温度时，晶界强度与晶内强度相等，这一温度称为等强温度。材料温度高于等强温度时易产生沿晶断裂，材料温度低于等强温度时易产生穿晶断裂。

（2）穿晶断裂　是指因拉应力作用而引起的沿特定晶面的断裂，也称为解理断裂。当模具材料的韧性较差、存在表面缺陷、承受高的冲击载荷时，易产生穿晶断裂。

材料在应力作用下产生局部变形时，某一滑移面上的位错源开始启动，形成一系列的位错，并在切向应力的作用下沿滑移面的某一晶向移动，当遇到晶界、孪晶界、第二相时，便发生位错堆积，引起应力集中，并导致裂纹的萌生。位错堆积示意图如图 1-6 所示。

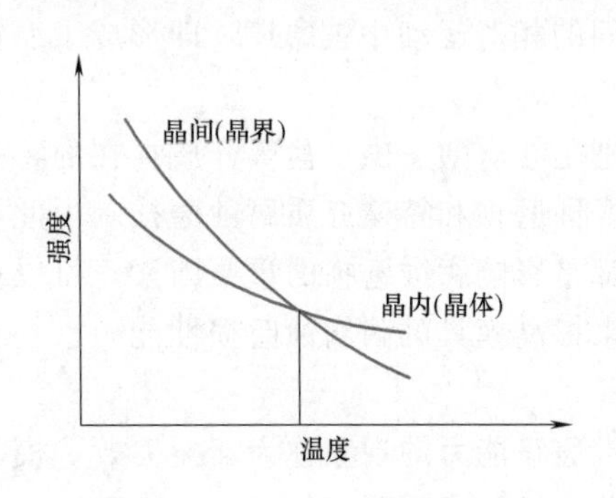

图 1-5　晶界强度、晶内强度与温度的关系

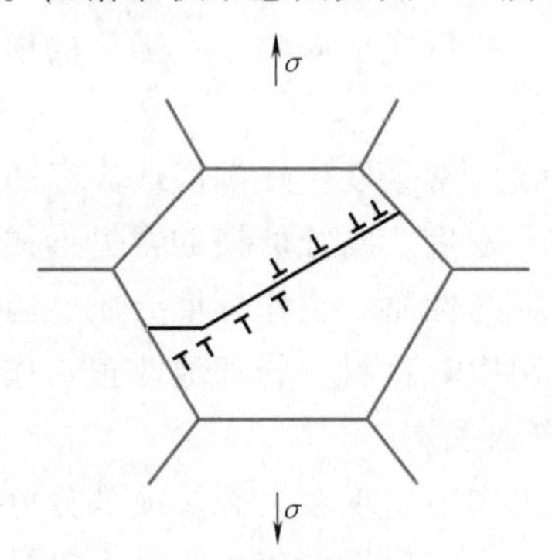

图 1-6　位错堆积示意图

应该指出，材料温度较高时，原子的能量高、活动能力强，位错源容易被启动而释放位错。因此，位错堆积后产生的应力集中，易被临近位错源的启动而松弛或抵消，不易产生穿晶裂纹。在低温下，原子的能量低、活动能力弱，位错堆积后产生的应力集中，难以通过临近位错源的启动而松弛或抵消，易形成穿晶断裂。

2. 疲劳断裂

疲劳断裂是指模具在较低的循环载荷作用下，工作一段时间后，由裂纹缓慢扩展，最后发生断裂的现象。疲劳裂纹总是在应力最高、强度最弱的部位上形成，模具的疲劳裂纹萌生于外表面或次表面，但其形成方式各有不同。当模具内部受力不均匀时，就会在局部范围内出现较大的应力集中，在循环载荷的作用下，裂纹便会在应力集中处最先出现，而在裂纹的前沿形成尖锐的缺口，造成新的应力集中区，并在以后的模具工作过程中，使裂纹不断扩展直到模具发生破坏。

（1）裂纹的萌生　疲劳裂纹常常在表面不均匀处、晶界、夹杂物和第二相处形成。

模具上的尺寸过渡处、加工刀痕、磨损沟痕等易产生应力集中，在循环应力作用下易产生滑移变形，而出现的变形台阶极易成为疲劳裂纹源。高温下金属材料的晶界强度低于晶内强度，在循环应力作用下，晶界将首先产生变形而形成位错堆积，造成晶界处的应力集中，当应力超过材料的强度极限时，便在晶界处产生开裂形成微裂纹。若在模具材料内存在夹杂物和第二相，则在循环应力作用下，易在其与基体的界面处产生脱开现象，形成疲劳裂纹。

（2）裂纹的扩展　在循环应力的作用下，已形成的裂纹便沿着主滑移面向模具材料内部扩展，此时与拉应力轴呈约45°的角度，当遇到晶界时其裂纹扩展位向会稍有改变；当扩展的裂纹遇到夹杂物或第二相等障碍物时，就会转向与拉应力轴相垂直的方向扩展。

影响模具断裂失效的因素主要是模具结构和模具材料。一方面，由于模具成形结构工艺性的要求，在模具零件上会存在截面突变、凹槽、尖角、圆角半径等，正是由于这些部位容易产生应力集中，形成裂纹并导致断裂失效，所以，适当增大模具零件中的圆角半径、减小凹模深度、减少尖角数量、尽量避免截面突变等，均能减少模具零件中的应力集中，降低断裂失效倾向。另一方面，模具材料的冶金质量和加工质量也对模具的断裂失效有较大影响，模具材料的断裂韧度越高，越有利于防止裂纹的萌生及扩展，从而减少模具的断裂失效。

（三）塑性变形失效

模具在使用过程中，由于产生塑性变形使其几何形状或尺寸发生改变而不能通过修复继续服役的现象称为塑性变形失效。塑性变形失效的主要形式有塌陷、镦粗、弯曲等，如图1-7所示。

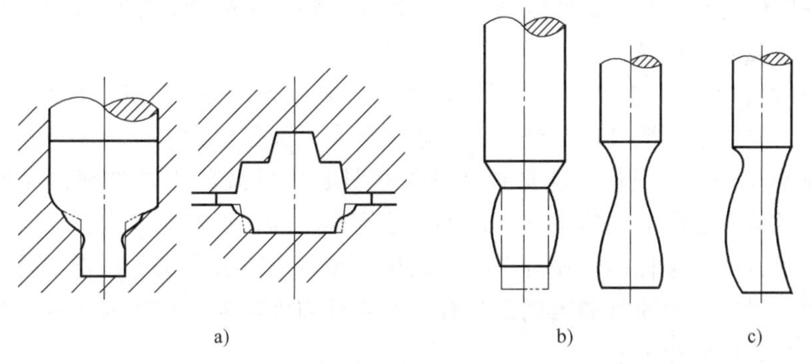

图1-7　模具塑性变形失效的常见形式

a）塌陷　b）镦粗　c）弯曲

模具在工作时一般要承受很大的不均匀应力，当模具的某些部位所承受的应力超过其工作温度下模具材料的屈服强度时，就会产生塑性变形而造成模具的失效。在不同温度下工作的模具是否会产生塑性变形失效，主要取决于不同温度下模具材料的强度。在室温下工作的模具是否会产生塑性变形失效，主要取决于模具所承受的载荷与室温屈服强度；而在高温下工作的模具是否会产生塑性变形失效，主要取决于模具的工作温度和模具材料的高温强度。

由于模具的受力情况复杂，工作条件苛刻，在使用过程中可能同时出现多种损伤形式，而且各种损伤交互作用，最后形成了一种主要的失效形式。例如，磨损沟痕可能成为裂纹的发源地，由磨损形成的裂纹在应力作用下发生扩展就会产生断裂；模具产生局部磨损后，便会使其承载能力下降，将造成另一部分承受过大的应力而产生塑性变形；局部塑性变形会改变模具零件之间的正常配合关系，均匀的承载状况被打破，将会造成模具的不均匀磨损，也可能由于应力集中的出现而产生裂纹，造成模具的过早断裂。

四、模具的失效分析过程

模具失效的形成原因有很多，但其主要原因可归纳为结构设计不合理、材料质量不佳、热处理工艺不当、加工工艺不合理、使用维护不妥等方面。根据有关调查资料显示，模具失效的主要原因所占比例大致为：结构设计不合理占3.3%，材料质量不佳占17.8%，热处理工艺不当占52%，加工工艺不合理占8.9%，使用维护不妥占10.2%。

为了提高模具的使用寿命，应对已失效的模具进行分析。了解模具的主要失效形式，寻找其失效的具体原因和主要影响因素，掌握各种失效形式所占的比例以及各种失效模具的使用寿命，并从理论上加以分析与综合，以便为合理地选择模具材料、优化模具结构设计、正确制订模具制造工艺以及为新型模具材料的研制和新工艺的开发等提供指导性数据，并且可据此预测模具在特定工作条件下的使用寿命。

（一）模具失效分析的主要任务

模具失效分析的任务就是要正确判断模具失效的性质、分析模具失效的原因、提出防止模具失效的具体措施。模具失效性质的判断主要依据失效模具的形貌特征、应力状态、材料强度和环境因素等，而模具失效原因的分析和防止模具失效措施的提出，主要从以下几个方面考虑。

（1）合理选择模具材料　根据模具的实际工作条件和可能出现的失效形式，提出相应模具材料的各项性能指标，并由此选择合适的模具材料、热处理工艺和表面处理工艺，以满足模具的使用性能要求。

（2）合理设计模具结构　在设计模具结构时，应力求使模具各部分受载均匀，使应力流线分布均匀，并尽量平滑过渡，减少应力集中分布，强化模具上的薄弱环节。

（3）保证加工和装配质量　应选择合理的模具加工与装配工艺方案，保证模具的表面加工质量，尽量减少造成应力集中的可能性，达到模具的设计性能要求。

（4）严格模具的质量控制　做到严格控制模具材料的冶金质量、锻造质量、冷加工质量和热处理质量，尽量减少模具加工制作过程中的各种内外缺陷，有效防止和减少模具的非正常失效，提高模具的使用寿命。

（5）进行模具的表面强化　在对模具进行整体强化的同时，还应采取各种手段对模具的表面进行强化和改性，使模具的表面得到有效的保护，提高模具的使用寿命。

（6）合理地使用、维护和保养模具　应严格按照操作规程正确地安装模具，使用中注意正确的使用方法，并在使用后加强对模具的维护和保养，防止模具的过早失效。

（二）模具失效分析的方法和步骤

由于模具的材料种类、结构形状、尺寸大小、受载情况、失效形式等各不相同，则模具的失效分析方法也各不相同。模具失效分析的一般方法与步骤为：

（1）现场调查与处理　进行模具失效的现场调查，主要包括对模具现场的保护、观察模具失效的形式与部位、了解生产设备的使用状况和操作工艺、询问具体操作情况和模具失效过程、统计模具的使用寿命、收集并保存失效的模具等，以供失效分析用。若模具为断裂失效，应注意收集齐全模具的所有断裂碎块，以便进行断口分析。在收集模具的断裂碎块时，要保证断口的洁净和新鲜。

（2）模具材料、制造工艺和工作情况调查　采用化学成分分析、力学性能测定、金相组织分析、无损检测等方法，复查模具材料的化学成分和冶金质量。通过查阅有关技术资料和检测报告、检查同批原材料、询问生产人员等方式，详细了解模具的材质状况、锻造质量、机械加工质量、热处理和表面处理质量、装配质量等情况，核实各个环节是否符合有关标准规定以及模具设计和工艺上的技术要求。查阅模具工作记录、检修与维护记录，了解生产设备的工作状况以及被加工坯料的实际情况，调查有关模具的使用条件和具体使用状况，了解模具按操作规程操作时有无异常现象等。

（3）模具的工作条件分析　模具的工作条件包括模具的受载状况、工作温度、环境介质、组织状态等。受载状况包括载荷性质、载荷类型、应力分布、应力集中状况、是否存在最大应力以及最大应力的大小及分布等；工作温度包括工作温度的高低、工作温度的变化幅度、热应力的大小等；环境介质包括介质的种类、含量、均匀性以及是否带有腐蚀性等；组织状态包括模具的组织类型、组织的稳定性、组织应力的大小与分布等。

（4）模具失效的综合分析　对失效的模具进行损伤处的外观分析、断口分析、金相分析、无损检测等，了解模具损伤的种类，寻找模具损伤的根源，观察损伤部位的表面形貌和几何形状、断口的特征、模具的内部缺陷、金相组织的组成及特征，结合各部分的分析结果，综合判断模具的失效原因以及影响模具失效过程的各种因素。

模具失效的原因一般有模具的工作环境、模具质量、操作人员的水平和经验、生产管理制度等，其中最主要的是模具质量。因此，在分析模具失效原因时，应将重点放在主要影响模具质量的制造过程方面，其原因主要有模具材料的选择与冶金质量问题、模具结构设计的不合理、毛坯锻造质量差、存在机械加工缺陷、热处理工艺选择不当、模具装配精度不高和维护不良等。

在实际生产中，模具的工作条件和工作环境往往比较复杂，因而其失效形式以及引起模具失效的原因也是多种多样的，对其进行失效分析的具体方法和步骤也各不相同。但只要掌握了模具失效分析的一般规律，充分利用已有的技术资料和分析手段对失效模具进行综合分析，就能准确找出其失效原因。

（5）提出防护措施　通过对失效模具进行综合分析，找出引起模具失效的原因，有针对性地提出防护措施，避免或减少该种失效的重复发生。但是，同一模具可能有不同的损伤出现，而最终导致模具失效的形式可能是其中的一种。当采取相应的措施防止了该种形式的失效以后，另外一种失效形式又可能成为主要的失效形式，又需要采取另外的措施去解决新出现的失效问题，直到获得满意的结果。

第二节　典型模具的服役条件及失效形式

一、冷作模具的服役条件及失效形式

冷作模具是指在常温下对材料进行压力加工或其他加工所使用的模具。典型的冷作模具主要有冷冲裁模、冷拉深模、冷挤压模、冷镦模等。各类冷作模具都是在常温下对工件材料施加外力，使其产生变形或分离，从而获得一定形状、尺寸和性能的成品件。由于各类冷作模具的具体服役条件不同，其失效形式也有各自不同的特点。

（1）冷冲裁模　冷冲裁模的工作对象是钢板、有色金属板材或其他板材，依靠冷冲裁模的刃口完成冷冲压加工中的分离工序，主要是对各种板料进行冲切成形。金属板料的冲裁过程如图 1-8 所示。

冷冲裁模的主要工作部位是凸模（冲头）和凹模的刃口，靠它们对金属板料施加压力，

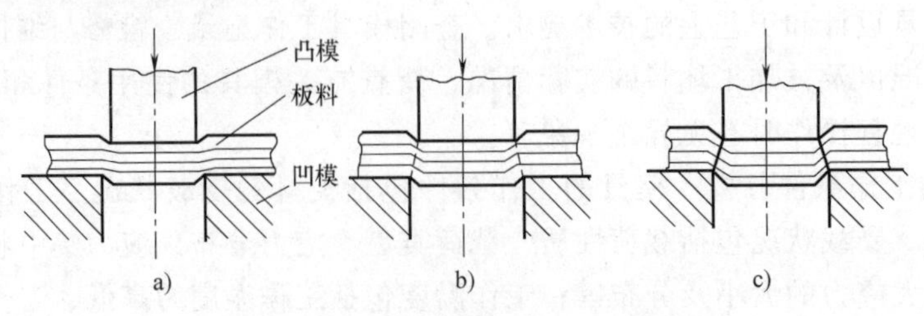

图 1-8 金属板料的冲裁过程

a) 弹性变形 b) 弹塑性变形 c) 分离

使其产生弹性变形、弹塑性变形和分离的过程。在弹性变形阶段，凸模端面的中间部分与板料脱离，压力都集中在刃口附近的狭小范围内。在弹塑性变形和分离阶段，凸模切入板料，同时金属板料被挤入凹模洞口，使模具的刃口端面和侧面产生挤压和摩擦。凸模承受的压力通常大于凹模，在冲裁软质薄板时，凸模承受的压力并不大；在冲裁中、厚钢板，尤其是在厚钢板上冲裁小孔时，凸模所承受的单位压力很大，同时，还要承受冲击力、剪切力和弯曲力的作用。

模具刃口在压力和摩擦力的作用下，最常见的失效形式是磨损失效。从磨损机理上看，主要是黏着磨损，同时也伴随有磨粒磨损和疲劳磨损；从磨损的部位考虑，则可细分为刃口磨损、端面磨损和侧面磨损三种。由于凸模的受力较大，且在一次冲裁过程中经受两次摩擦过程（进入和离开各一次），磨损较快。磨损会使刃口变钝，棱角变圆，甚至会产生模具表面层的脱落，使冲压件表面产生毛刺、尺寸超差等。当冲压件厚度大或具有较强的磨粒磨损作用（如硅钢片等）或有较大的咬合倾向（如奥氏体钢等）时，则会加速模具的磨损。

被冲板料的厚度对模具载荷的影响较大，所以常把冲裁模分为薄板冲裁模（冲裁厚度 $t \leq 1.5\text{mm}$）和厚板冲裁模（冲裁厚度 $t>1.5\text{mm}$）。薄板冲裁模受载荷较小，其失效形式主要是磨损，只有在热处理不当或操作失误的情况下，才可能出现脆性断裂失效；而厚板冲裁模则受载荷较大，其失效形式除了磨损以外，还可能发生塑性变形、断裂或崩刃等失效。

(2) 冷拉深模　冷拉深模是将板材进行延伸使之成为一定尺寸、形状产品的模具。冷拉深模的工作对象是钢板、有色金属板或其他板材，依靠模具使金属坯料产生塑性变形而获得所需的形状。冷拉深模的凸模、凹模和压边圈的工作部位均无锋利的尖角，模具零件的受力不像冷冲裁模那样限定在较小的范围内，凸模和凹模之间的间隙一般比板材厚度大，模具较少出现应力集中。模具在工作时不易产生偏载，所承受的冲击力很小，凸模承受压力和摩擦力，凹模承受径向张力和摩擦力。其中，模具受到的摩擦力十分强烈，因而模具的主要失效形式是磨粒磨损和黏着磨损，有时还会产生咬合、擦伤、变形等失效形式。从失效部位上看，在凹模和压边圈的端面、凸模和凹模的圆角半径处，特别是在压边圈口部和凹模端面圆角半径以外的区域产生黏着磨损的情况最为严重。

模具在工作过程中，在其工作表面上的某些局部位置所受到的载荷较大，承受的挤压力较大，受摩擦后模具的表面温度升高。在高温和高压的共同作用下，模具表面会与金属坯料产生“焊合”现象，脱落下来的小块金属坯料会黏附在模具的表面，从而在加工过程中造成工件表面的划痕或擦伤，降低拉深件的表面质量。

(3) 冷镦模　冷镦模是在冲击力的作用下将金属棒状坯料镦成一定形状和尺寸产品的冷作模具。在冷镦加工过程中，冲击频率高（可达 60~120 次/min），冲击力大，金属坯料受到强烈的镦击，同时，模具也同样受到短周期冲击载荷的作用。由于是在室温条件下工作的，塑性变形抗力大，工作环境差，凸模承受巨大的冲击压力和摩擦力，凹模承受冲胀力和摩擦力，产生强烈的摩擦，因而冷镦模最常见的失效形式是磨损失效和疲劳断裂失效。其中，磨损失效可能有磨粒磨损、表面损伤、冲击磨损等多种失效形式，特别是凸模在冲击力的作用下，表面会产生剥落而出现麻坑，而由磨损所造成的表面损伤、麻坑、擦伤痕等，均可能成为疲劳裂纹源，导致模具的疲劳断裂。除此之外，还可能产生凸模的塑性变形和折断；引起凹模的模口胀大、棱角堆塌、腔壁胀裂等损伤，而出现模具的失效。

（4）冷挤压模　冷挤压模是使金属坯料在强大而均匀的近似于静挤压力的作用下，产生塑性变形流动而形成产品的模具。根据金属坯料的流动方向与凸模运动方向之间的关系，可将冷挤压分为正向挤压、反向挤压、复合挤压和径向挤压四种类型，如图1-9所示。

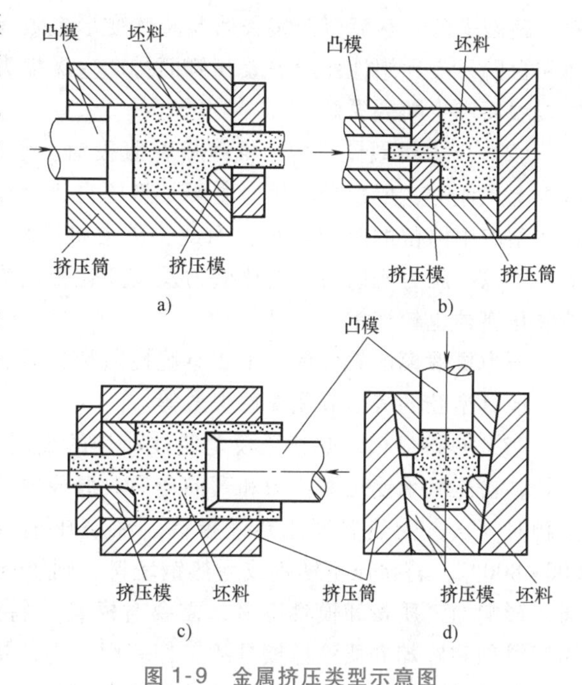

图1-9　金属挤压类型示意图

a）正向挤压　b）反向挤压　c）复合挤压　d）径向挤压

在进行冷挤压加工时，金属坯料承受强烈的三向压应力。在模具的作用下，金属坯料沿凸、凹模间隙或凹模模口产生剧烈流动，变形位移大。而模具承受强大的挤压力（来自金属坯料的反作用力），同时产生很大的摩擦力。一般在挤压钢材时，正向挤压力为2000～2500MPa，反向挤压力可达3000～3500MPa；在挤压有色金属材料时，其挤压力也会达到1000MPa。在挤压时形成的摩擦功和变形能会转化为热能，产生挤压中的热效应，导致模具的局部表面产生400℃以上的高温。此外，由于金属坯料端面不平整、凸模与凹模之间的间隙不均匀、与中心线不一致等因素，还会使凸模在挤压时承受很大的偏载或横向弯曲载荷。因此，冷挤压模的失效形式主要有塑性变形失效、磨损失效、凸模折断失效、疲劳断裂失效以及纵向开裂失效等，对于冷挤压凹模有时还会产生胀裂失效。

二、热作模具的服役条件及失效形式

热作模具是指将金属坯料加热到再结晶温度以上进行压力加工的模具。典型的热作模具有锤锻模、压力机锻模、热挤压模、热冲裁模、压铸模等。各种热作模具在工作时既承受机械载荷，又承受热载荷，且在循环状态下工作。由于被加工材料的不同和使用的成形设备不同，模具的工作条件有较大差别，因此，热作模具的失效形式也就各不相同。

（1）锤锻模　锤锻模是在模锻锤上使用的热作模具，在其服役时不仅要承受冲击力和摩擦力的作用，还要承受很大的压应力、拉应力和弯曲应力的作用，同时也受到交替的加热和冷却作用。如在锻造钢件时，金属坯料的温度一般为1000～1200℃，被加热的模具型腔表面一般可达到500～600℃，有时会高达750℃以上；锻件取出后，模具的型腔又要用水、油或压缩空气进行冷却，如此反复地加热和冷却，会使模具表面形成较大的热应力。如此的高温会造成模具材料的塑性变形抗力和耐磨性的下降，同时也会造成模具型腔腔壁的塌陷及加剧磨损等。

锤锻模模块尾部呈燕尾状，易形成应力集中，会在燕尾的凹槽底部形成裂纹而造成开裂现象。模具在工作过程中，由于热载荷的循环作用，在反复加热和冷却的交替作用下，将会产生热疲劳裂纹，导致模具的失效。锤锻模在机械载荷与热载荷的共同作用下，会在其型腔表面形成复杂的磨损过程，其中包括黏着磨损、热疲劳磨损、氧化磨损等。另外，当锻件的氧化皮未清除或未很好清除时，也会产生磨粒磨损。因此，锤锻模的主要失效形式为磨损失效、断裂失效、热疲劳开裂失效及塑性变形失效等。从模具的失效部位来看，型腔中的水平面和台阶易产生塑性变形失效，侧面易产生磨损失效，型腔深处和燕尾的凹角半径处因易萌生裂纹而产生断裂失效。

（2）压力机锻模　压力机锻模在服役时，承受巨大的压力，当模具在曲柄压力机和水压机上工作时，所承受的压力主要是静压力，而冲击力较小。与锤锻模相比，炽热的金属坯料在型腔中停留的时间较长，因此，压力机锻模的型腔温度明显比锤锻模要高，受热更严重。所以，压力机锻模中的热应力及其变化幅度均大于锤锻模，同时，模具型腔表面所经受的氧化腐蚀也较严重。

压力机锻模的失效形式主要有脆性断裂失效、冷热疲劳失效、塑性变形失效、磨损失效以及模具型腔的表面氧化腐蚀失效等。

（3）热挤压模　热挤压模是使被加热的金属坯料在高温压应力状态下进行成形的一种模具，挤压时承受压缩应力和弯曲应力，脱模时承受一定的拉应力作用，模具和金属坯料的接触时间长，受热温度比热锻模高。在挤压铜合金和结构钢时，模具的型腔温度可达到600~800℃；若挤压不锈钢或耐热钢坯料，则模具的型腔温度会更高。为防止模具的温度升高，影响加工质量和模具寿命，需要对模具（特别是凸模）进行冷却，工件脱模后，每次用润滑剂和冷却介质涂抹模具的工作表面，而使挤压模具经常受到急冷、急热的交替作用。

与锤锻模相比，热挤压模承受的冲击载荷很小，而承受的静载荷很大，凸模承受巨大的压力，且由于金属坯料的偏斜等原因，使模具还承受很大的附加弯矩，在凸模脱模时还要承受一定的拉应力，凹模型腔表面承受变形坯料很大的接触压力，沿模壁存在很大的切向拉应力，而且大都分布不均匀，再加上热应力的作用，使凹模的受力极为复杂。由于热挤压变形时的变形率较大，金属坯料塑性变形时的金属流动，对模具型腔表面产生的摩擦要比锤锻模剧烈得多，且由于硬颗粒（如氧化皮）的存在将导致摩擦的进一步加剧。

由上述分析可知，热挤压模的失效形式主要有断裂失效、冷热疲劳失效、塑性变形失效、磨损失效以及模具型腔表面的氧化失效等。

（4）热冲裁模　热冲裁模是一种主要用于冲切模锻件飞边和连皮的模具。热冲裁模主要由凸模和凹模组成，工作时模具的刃口部分承受挤压、摩擦和一定的冲击载荷，同时还因为金属坯料上的传热而升温，但由于所使用的锻压设备不同，所加工金属坯料的尺寸不同，使各类热冲裁模的刃口部位所承受的热载荷与机械载荷有很大的区别，所以其失效形式主要有刃口的热磨损失效、崩刃失效、卷边失效和断裂失效等。

（5）压铸模　压铸模是利用压铸机在高温下使金属压铸成形的一种模具。压铸模的型腔表面要承受液态金属的压力、冲刷、侵蚀和高温作用，每次压铸件脱模后还要对模具的型腔表面进行冷却和润滑，而使模具承受频繁的急冷、急热作用。由于不同材料的熔化温度有很大差别，因此，用于不同材料的压铸模其工作条件的苛刻程度和使用寿命有很大区别。在压铸锌合金时，压铸模型腔表面的温度不超过400℃，热载荷较小，模具的工作寿命较长；在压铸铝合金时，压铸模的型腔表面温度可达600℃左右，且熔融的铝合金液体很容易黏附钢铁材料，使用时必须在模具的型腔表面反复涂抹防黏涂料，由此便造成了模具型腔表面的温度波动。所以，压铸模的失效形式主要有黏模失效、侵蚀失效、热疲劳失效、磨损失效等。当模具的型腔结构复杂并存在应力集中时，模具也会在热载荷与机械载荷的共同作用下出现断裂失效。

在压铸铜合金时，模具的型腔表面温度可达到750℃以上，由于铜合金液体温度高，而且铜合金的热导性好，模具的型腔表面受到铜合金液体的反复冲刷，并且急冷、急热的温度变化幅度较大，产生很大的热应力。在压铸时的压应力和脱膜时的拉应力的反复作用下，模具的主要失效形式为热疲劳龟裂；型腔中结构凸起的小尺寸部分，也可能因为受热软化而产生塑性变形失效。由此可见，铜合金压铸模的使用寿命远比铝合金、锌合金压铸模的使用寿命要低。

在压铸铁合金时，模具的型腔表面温度会高达1000℃以上，且铁合金液体对模具型腔表面的冲刷作用更厉害，因而铁合金压铸模在服役时型腔表面的氧化、腐蚀会更严重，也更易于产生变形和热裂，模具的使用寿命将会更低。

三、塑料模具的服役条件及失效形式

塑料模具是用于成型塑料制品的模具，目前已向精密化、大型化、多腔化的方向发展，对塑料模具材料的性能要求也越来越高，其性能应根据塑料种类、制品用途、生产批量、表面质量、尺寸精度等方面的要求而定。根据成型方法的不同，一般可将塑料模具分为注射模、压缩模、压注模、挤出模和气动成型模等。其中以注射模应用最广，通常用于热塑性塑料制件的成型；其次是压缩模和压注模，多用于热固性塑料制品的成型；另外，挤出模主要用于生产热塑性塑料的型材，气动成型模主要用于生产中空塑料容器。

塑料模一般有凸模、凹模、型芯、镶块、成型杆和成型环等，这些零部件构成了塑料模的型腔，用来成型塑料制品的各种表面，它们直接与塑料相接触，经受其压力、温度、摩擦和腐蚀等作用。塑料模按成型固化不同分为热固性塑料模和热塑性塑料模两类。

1. 热固性塑料模

热固性塑料模的工作温度为150~250℃，工作压力为200~800MPa，物料以固体粉末状态或预制坯料状态进入模具型腔；受力大、易磨损、受热、有时有腐蚀；可压制各种胶木粉，一般含有大量的固体填料，多以粉末状态直接放入模具型腔，经过热压成型，受力大，磨损较严重。

2. 热塑性塑料模

热塑性塑料模的工作温度为100~200℃，工作压力为100~600MPa，物料以黏流状态进入模具型腔；受热、受压、受磨损、有时有腐蚀，但不严重；一般不含有固体填料，多以软化状态注入模具型腔，当含有玻璃纤维填料时，对模具型腔的磨损较大。

塑料模具在服役过程中，可产生磨损失效、腐蚀失效、塑性变形失效、断裂失效、疲劳失效及热疲劳失效等。热固性塑料模在工作时，塑料呈固态粉末状态或预制坯料状态，加入型腔后在一定的温度下经热压成型。模具受力大并伴随有一定的冲击力作用，摩擦力较大，热机械载荷及磨损较严重。当塑料中含有较硬的固体填料，如硅砂、钛白粉、玻璃纤维等时，对模具的磨损程度将更大。当模具材料和热处理工艺选用不合理时，会使塑料模具的型腔表面硬度降低，耐磨性变差，导致模具的型腔表面因磨损及变形而引起尺寸超差、粗糙度值增加、表面质量恶化，造成磨损加剧。

热塑性塑料模是在塑料呈黏流状态下，通过注射、挤压等方法进入型腔加工成型的模具。模具的塑性变形抗力小，受热、受压、受磨损不严重；但当在塑料中加入固体填料，如石英砂、玻璃纤维等时，磨损量会有所增加；若使用模具加工某些含有氯原子或氟原子的塑料，由于塑料受热会产生少量的热分解，所形成的 HCl、HF 等气体会对模具的型腔表面产生腐蚀作用，从而使模具产生失效。

塑料模具型腔表面受热、受压也会引起塑性变形失效，尤其是小型模具在较大吨位设备上工作时，更容易产生塑性变形，加之塑料模具材料本身变形抗力低，容易形成塑性变形失效；断裂失效主要是由于模具结构、温差产生的结构应力、热应力所致，或者是因为回火不足，在使用过程中出现组织转变而形成的组织应力所致。

由于模具的机械载荷和热载荷的交替循环作用，会产生疲劳裂纹，从而出现疲劳断裂失效。一般来说，压缩模受力较大，易产生疲劳裂纹，而注射模的温度变化较剧烈，易产生热疲劳裂纹。

第三节　模具的使用寿命及其影响因素

模具正常失效前生产出合格产品的数目称为模具的正常使用寿命，简称模具寿命。模具首次修复前生产出合格产品的数目称为模具的首次寿命；模具一次修复后到下一次修复前生产出合格产品的数目称为模具的修模寿命。模具寿命是模具的首次寿命与各次修模寿命的总和。

模具寿命与模具类型、模具结构以及模具的服役条件、设计与制造过程、安装使用与维护等一系列因素有关，模具寿命是一定时期内模具材料性能、模具设计与制造水平、模具的热处理技术以及模具维护水平的综合反映。要提高模具的使用寿命，就要从改善这些条件的相应措施出发，研究模具使用寿命的影响因素。

一、模具结构对模具使用寿命的影响

模具结构的合理性对模具的承载能力和受力状态都有很大的影响，合理的模具结构能使其在工作时受力均匀，应力集中小；不合理的模具结构可能引起严重的应力集中和工作温度升高，导致模具过早失效，降低其使用寿命。由于模具的种类繁多，服役条件各不相同，对模具结构的要求也不一样，下面仅从几个共性的方面加以讨论。

（1）模具型腔的过渡圆角半径　模具零件的面交界处大多含有过渡圆角，如图 1-10 所示。

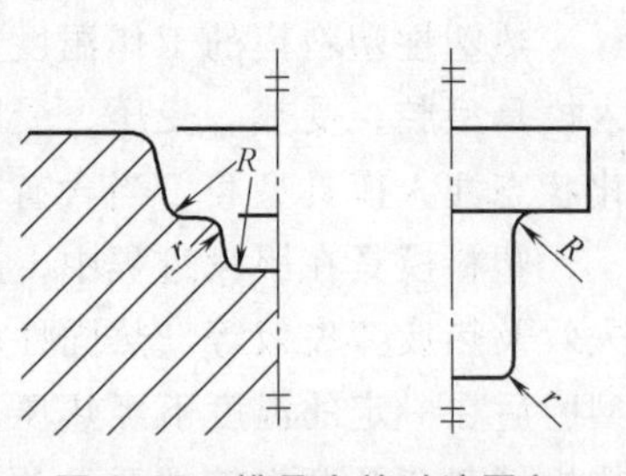

图 1-10　模具中的过渡圆角

模具型腔大多含有过渡圆角，过渡圆角的合理性对模具的使用寿命影响很大。过小的凸圆角半径在板料拉深过程中会增加成形力，在模锻中易形成锻件的折叠缺陷。过小的凹圆角半径会使模具的局部受力情况恶化，在圆角半径处产生较大的应力集中，易使模具萌生裂纹，导致断裂。相反，增

大圆角半径可使模具受力均匀，不易产生裂纹。冷挤压凹模圆角半径对模具使用寿命的影响如图 1-11 所示。

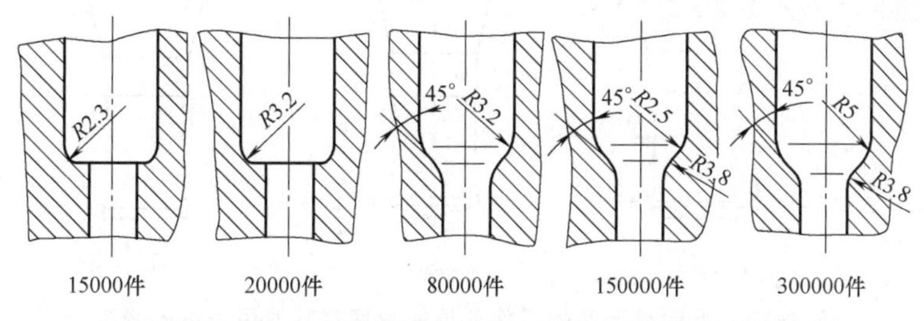

图 1-11　冷挤压凹模圆角半径对模具使用寿命的影响

另外，模具非工作部位的凹圆角半径过小，也会在模具的服役过程中产生应力集中，降低模具抗冲击和抗偏载的能力。

（2）模具型腔的结构　冷挤压模、冷镦模、热锻模等，一般所受应力较大，冲击力较高。若采用整体式结构的模具，则不可避免地会存在凹圆角半径，这很容易造成模具工作部位的应力集中，并引起模具的局部开裂或模具的整体开裂。而采用组合式结构的模具，则可避免出现模具型腔的开裂现象。塔形锻造凹模的结构如图 1-12 所示。

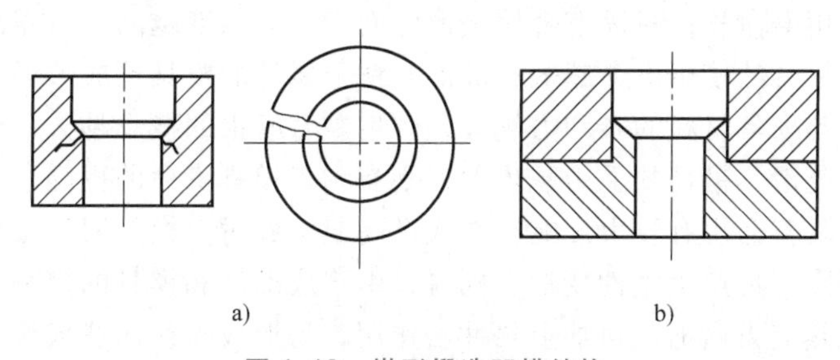

图 1-12　塔形锻造凹模结构
a）整体式结构　b）组合式结构

采用整体式结构会在凹模的应力集中处形成裂纹；而采用组合式结构模具后，可降低模具的表面拉应力，避免出现应力集中，可有效地防止模具开裂现象的出现。

采用组合式结构模具时，可根据具体的服役条件，给模具的不同组成模块选用不同的模具材料，既便于机械加工，又便于模具零件的更换，能有效地提高模具的使用寿命。对于小间隙或无间隙的大、中型型腔模具（如冲裁模等），可采用导向装置对模具中的零件进行定位，以保证模具各部分之间的精度，增加模具抗弯曲和抗偏载的能力，避免模具出现不均匀的磨损。

（3）模具工作部位的角度　模具工作部位的角度对成形过程中金属坯料的流动及成形力都会产生很大的影响。反向挤压凸模工作部位的角度对其使用寿命的影响如图 1-13 所示。

图 1-13a、b 所示结构均设有模具工作部位的角度，而图 1-13c 所示结构没有任何工作角度，所以，图 1-13a、b 所示结构的模具承受的单位挤压力要低于 20%，模具的使用寿命也较长。相反，具有图 1-13c 所示结构的模具所承受的单位挤压力较大，模具的使用寿命也相对较短。但模具工作部位的角度也不宜过大，否则容易产生偏载而造成模具的弯曲或折断。

锤锻模、压铸模、塑料模等型腔模具的拔模斜度对制件的脱模及模腔底部圆角处的应力

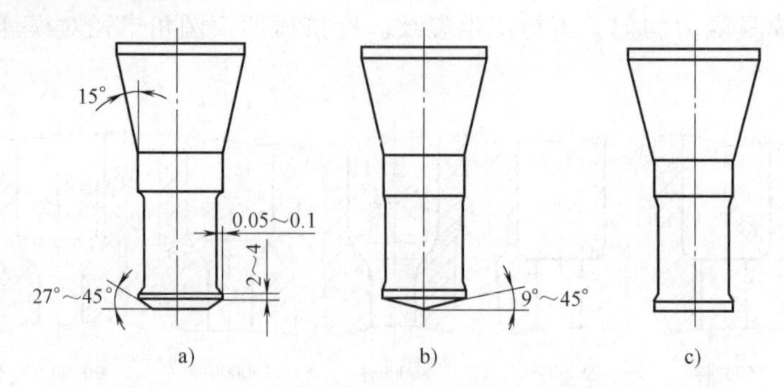

图1-13 反向挤压凸模工作部位的角度对其使用寿命的影响

状态也有直接的影响，设计模具时要给予考虑。

二、模具工作条件对模具使用寿命的影响

模具的工作环境不同、工作条件不同，都将对其使用寿命造成一定的影响。

（1）成形件的材质、状态和温度 成形件的材质有金属材料和非金属材料，根据其状态不同又有固体材料和流体材料之分。一般情况下，非金属材料、流体材料强度较低，模具受力小，模具的使用寿命长；对固态金属成形件而言，其强度越高，所需的成形力越大，模具承受的力越大，模具的使用寿命越短；成形非铁金属件的模具比成形黑色金属件的模具寿命长；成形件材料与模具材料的亲和力越大，产生黏着磨损的概率越大，模具的使用寿命越短；坯料的表面越光滑，模具的受力越均匀，则有利于模具寿命的提高。

坯料温度对模具寿命也有较大影响。在成形高温工件时，模具因为工件材料的热传导而升温，使其强度下降，易产生塑性变形。同时，由于成形件和模具的接触表面与非接触表面的温差较大，造成热应力增加，再加上热冲击作用，易形成裂纹而造成疲劳磨损及断裂。在高温下，模具材料的原子和工件材料的原子相互扩散结合，使形成黏着磨损的可能性增加，同时也增加了形成氧化磨损的可能性，因此温度越高，模具的寿命越短。

（2）成形设备特性 若成形设备的运动部分精度高、刚度大，则模具不易产生错移，对中性能好，弹性变形小，能保证良好的配合状态，不易出现附加的横向载荷和转矩，模具受到的是均匀磨损，则使用寿命较高。

模具成形工件的作用力是由设备提供的，而设备提供给模具及工件上的作用力是在一段时间内增加的，设备的速度越高，模具受到单位时间的冲击力越大，短时间内来不及传递和释放，于是作用在模具的某些局部位置上，可能会造成其应力超过模具材料的屈服强度和强度极限，从而造成塑性变形失效或断裂失效。

（3）成形过程中的润滑和冷却 正确选用润滑剂来润滑模具与工件的相对运动表面，可减少模具与工件的直接接触，减少磨损，降低成形力，并在一定程度上阻碍坯料向模具的传热，降低模具的温度，有助于提高模具的使用寿命。有效地冷却可以减缓模具温度的升高，防止模具由于温度升高造成其强度下降而产生塑性变形，有利于提高模具的使用寿命。

三、模具材料对模具使用寿命的影响

模具材料对模具使用寿命的影响主要体现在模具材料的类别、化学成分、组织结构、力学性能、冶金质量等因素的综合影响上。其中，模具材料的类别和硬度影响最

为明显。

（1）材料的类别　模具材料的类别对模具的使用性能影响很大，如选择同一种工件，采用不同的模具材料，经过正常的热处理工艺操作后进行弯曲试验：例如，某冲裁模选用9Mn2V钢时，模具的使用寿命为5万余次；选用Cr12MoV钢时，其使用寿命可达到40多万次。因此，对于模具材料的选择，应根据成形件的批量、精度要求、加工温度、尺寸因素等综合考虑，合理进行模具材料的选用。

（2）硬度　模具零件的硬度高低对模具的使用寿命影响很大，但并不是硬度越高，模具的使用寿命越高。如采用T10钢制作硅钢片冲裁模，硬度为53~56HRC时，只冲几千次，模具便产生磨损，冲裁件上的冲裁毛刺就已经很大；若将硬度提高到60~63HRC，则刃磨寿命可达2万~3万次；但如果继续提高硬度，则会使模具出现早期断裂。

对于采用Cr12MoV钢生产的六角螺母冷镦凸模，硬度为56~60HRC时，模具的使用寿命只有2万~3万件，即出现崩裂失效；但若将硬度降低到50~56HRC，则模具的使用寿命可提高到6万~8万件。所以，模具的硬度范围应根据其具体的工作条件及主要失效形式进行综合确定。

（3）冶金质量　模具材料的冶金质量也对模具寿命产生较大的影响，特别是高碳高合金钢，冶金缺陷多往往容易造成淬火开裂或模具的早期破坏。因此，提高模具材料的冶金质量也是提高模具使用寿命的重要手段。

（4）热处理工艺　模具的热处理工艺是否得当，决定了模具热处理后的组织状态和性能。处理不当或工艺参数选择不正确，都可能造成模具的过早失效。所以应该根据模具的具体工作条件和性能要求，正确选择热处理工艺参数，获得均匀的符合模具具体性能要求的组织结构，切实提高模具的使用寿命。同时，注意采用新的热处理工艺，充分挖掘现有材料的应用潜力，有助于提高模具的使用寿命。

虽然采用上述各项措施能够提高模具的使用性能和模具的使用寿命，但提高的幅度还是十分有限的。随着科技的发展，特别是模具加工工艺的优化与改进，越来越趋向于高温、高压、高速、重载，模具的服役条件越加苛刻。因此，要大幅度提高模具的使用寿命，则必须不断研制、开发和应用新的模具材料。

四、模具热处理与表面强化对模具使用寿命的影响

采用最佳的热处理工艺和表面强化技术，保证热处理和表面强化质量是充分发挥模具材料潜力，提高模具使用寿命的关键。如模具的热处理工艺制订不合理或热处理操作不得当或表面处理质量不高，可能会形成热处理缺陷，损害模具的使用性能，并导致模具的早期失效。

模具零件的预备热处理包括退火、正火、调质处理等工艺方法，可根据模具材料的类别、组织结构和性能要求进行选择。通过预备热处理，可以改善模具材料的组织结构，清除金属坯料的内部组织缺陷，改善材料的可加工性，提高模具的承载能力和使用寿命。

模具零件的最终热处理主要有淬火和回火工艺，通过淬火和回火可以满足最终的使用性能要求。所以，应严格控制模具的热处理工艺规范，并尽量采用先进的热处理工艺，保证模具使用性能的均匀性。

模具零件的表面强化可以改善模具材料的表面特性，获得硬度、耐磨性、韧性、抗疲劳强度等性能指标的良好配合，得到“表硬里韧”的效果。表面处理方法很多，除常用的渗

碳、渗氮、碳氮共渗、渗硼、渗钒等工艺以外，还有电火花强化、激光强化、化学气相沉积、物理气相沉积等工艺，可得到硬度极高，耐磨性、耐蚀性、抗黏合性好的效果，能提高模具寿命几倍到几十倍。

五、模具制造工艺对模具使用寿命的影响

模具加工包括模具的外形加工和工作型腔（面）加工两类。模具的外形加工比较简单，可在车床、铣床、刨床、磨床等机械设备上进行，由于模具外形中的各部位在模具工作时，不直接与工件或金属坯料相接触，受力较小，因而其加工质量对模具的使用寿命影响不大；而模具工作型腔（面）的形状一般较复杂，多数部位直接与坯料或工件相接触，承受高压、高温以及剧烈摩擦，对模具的使用寿命影响很大。

（1）模具零件的加工精度　模具零件各工作部位的几何形状，如圆角半径、拔模斜度、刃口角度等部位的加工，应严格按照设计要求进行，在刃具和机床设备不能满足要求时，应由人工进行修磨并进行测量，以保证模具具有合理的受力状态，对于有配合尺寸的部位，应保证其公差或进行配磨。

在切削加工中要注意尺寸准确，同时保证模具零件的表面粗糙度要求，不留下疤痕，不留下超过下道工序加工余量的残迹，否则将严重降低模具的疲劳强度和热疲劳抗力。

在磨削加工过程中，最常见也最严重的缺陷是磨削烧伤和磨削裂纹，两者都会严重降低模具的疲劳强度和断裂抗力，所以在磨削加工时，应切实控制切削厚度和磨削用量，并注意砂轮质量，采用适当的切削液及其足够的用量，防止出现磨削缺陷。

（2）模具型腔的表面粗糙度　减小模具型腔的表面粗糙度值，一方面可以减少成形坯料的流动阻力，降低模具型腔表面的磨损量；另一方面可以减小刀痕、电加工熔斑等表面缺陷和产生裂纹的倾向，提高模具的使用寿命。

模具型腔的表面粗糙度对其使用寿命有很大的影响，如采用Cr6WV钢制造冷挤压模，当 $Ra=1.6\sim1.8\mu m$ 时，模具寿命为3万件左右；而当 $Ra=0.1\sim0.2\mu m$ 时，模具寿命可达4.5万~5万件。

（3）模具工作部位硬度的均匀性　模具在热处理时应保证加热和冷却过程的均匀性，同时注意防止热处理过程中出现氧化和脱碳现象，淬火后的回火过程应充分进行，防止出现硬度不均或软点的现象，以获得良好的耐磨性、高的疲劳抗力以及高的冷热疲劳性。

（4）模具的装配精度　应注意调整模具安装后的间隙量及均匀性，增加配合承载面及各合模面的接触，保证凸模和凹模受力中心的一致性，提高模具的装配精度，减少磨损量，提高模具的使用寿命。

习题与思考题

1. 反映冷作模具材料断裂抗力的指标有哪些？其主要影响因素是什么？
2. 磨损的主要类型有哪些？在各类磨损过程中影响耐磨性的主要因素是什么？
3. 简述模具的失效形式和特点。
4. 优化和改进模具结构设计的基本作用是什么？对模具的使用寿命有何影响？试举例说明之。
5. 试说明模具材料对模具使用性能和使用寿命的影响。
6. 模具的使用寿命包括哪几个部分？影响模具使用寿命的主要因素有哪些？
7. 什么是材料的耐热性？什么是材料的冷热疲劳抗力？两者有何异同？
8. 模具和模具材料一般是如何分类的？

模具材料概述

第二章

模具是一种高效、精密的工艺装备，在各种金属、塑料、橡胶、陶瓷、玻璃制品等生产中应用广泛。而模具的使用寿命及使用效果在很大程度上取决于模具的设计、制造、调试及维护的水平高低，尤其是与模具材料的选用和热处理质量的好坏息息相关。

随着工业技术的发展，为提高产品质量，降低生产成本，提高生产效率和零件材料的利用率，国内外的生产厂家都在采用各种先进的无切削或少切削加工工艺，如精密冲裁、精密锻造、压力铸造、冷挤压等成形技术来代替传统的切削加工工艺。而模具成形技术是首选的工艺手段之一，在家用电器、机电产品、塑料制品、陶瓷制品、橡胶制品等行业应用广泛。

新中国成立以来，我国在模具材料方面有了很大的发展，初步建立起了具有我国特色的模具材料体系，包括冷作模具钢、热作模具钢、塑料模具钢等系列模具材料，并在模具制造业广泛使用。同时，针对不同的工作条件与环境因素，开发了多种先进的模具材料。

第一节　模具材料的分类

根据服役条件不同可将模具材料分为冷作模具材料、热作模具材料、塑料模具材料和其他模具材料等几大类，每大类又分为若干小的类别。

一、冷作模具材料

冷作模具材料应用量大，使用面广，其主要性能要求有强度、硬度、韧性和耐磨性。近年来碳素工具钢的使用越来越少，而高合金钢模具所占的比例为最高。常用冷作模具材料概况见表 2-1。

表 2-1　常用冷作模具材料概况

钢　　种	牌号举例
碳素工具钢	T7、T8、T10
油淬冷作模具钢	9Mn2V、CrWMn、9CrWMn、9SiCr、Cr2
空淬冷作模具钢	Cr5Mo1V、Cr6WV、8Cr2MnWMoVS、Cr4W2MoV
高碳高铬冷作模具钢	Cr12MoV、Cr12、Cr12Mo1V1
基体钢和低碳高速钢	6W6Mo5Cr4V、6Cr4W3Mo2VNb、7W7Cr4MoV
硬质合金	YG6、YG8N、YG8C、YG11C、YG15、YG25
钢结硬质合金	GT35、TLMW50

冷作模具钢以高碳合金钢为主，均属热处理强化型钢，使用硬度高于 58HRC。以 9CrWMn 为典型代表的低合金冷作模具钢，一般仅用于小批量生产中的简易型模具和承受冲

击力较小的试制模具；Cr12型高碳合金钢是大多数模具的通用材料，这类钢的强度和耐磨性较高，韧性较低；在对模具综合力学性能要求更高的场合，常用的替代钢种是具有高淬透性的W6Mo5Cr4V2高速钢。

二、热作模具材料

由于增加了温度和冷却条件（有无冷却、如何冷却）这两个因素，热作模具的工作条件远比冷作模具复杂，因而热作模具用材的系列化，除少数几种用量特别大的以外，总体来说不如冷作模具用材系列完整。热作模具用材的选择，在力学性能方面要兼顾热强性（热耐磨性）和抗裂纹性能。但由于加工对象（热金属）本身强度不高，故对热作模具材料的屈服强度要求并不高，而加工过程中采用的冲击加工方式及不可避免的局部急热急冷特性，对韧性提出了较高要求。常用热作模具材料概况见表2-2。

表2-2　常用热作模具材料概况

钢　种	牌号举例
中碳调质钢	45、40Cr、42CrMo、40CrNiMo
低合金调质模具钢	5CrMnMo、5CrNiMo
中铬热作模具钢	H10、H11、H12、H13、H14、H19
高铬热作模具钢	H23、H25
钨系热作模具钢	H21、H22、H26

三、塑料模具材料

由于塑料模具的工作条件（加工对象）、制造方法、精度及对耐久性要求的多样性，所以塑料模具用材的成分范围很大，各种优质钢都有可用之处，且形成了范围很广的塑料模具用材系列。常用塑料模具材料概况见表2-3。

表2-3　常用塑料模具材料概况

钢　种	牌号举例
碳素钢	45、50、55、T8、T10
渗碳型塑料模具钢	20Cr、20CrMnTi、20Cr2Ni4、12Cr2Ni4
预硬型塑料模具钢	3Cr2Mo、3Cr2NiMnMo、5CrMnMo、8Cr2MnWMoVS、5CrNiMnMoSCa
时效硬化型塑料模具钢	25CrNi3MoAl、06Ni6CrMoVTiAl、18Ni
耐蚀型塑料模具钢	40Cr13、95Cr18、Cr14Mo、Cr18MoV、14Cr17Ni2
整体淬硬型塑料模具钢	CrWMn、9CrWMn、9Mn2V、Cr12MoV、Cr12Mo1V1、4Cr5MnSiV1

四、其他模具材料

在以上三大类模具材料之外，还有铸造模具钢、非铁合金模具材料、玻璃模具材料等。另外，我国还开发研制了特种新型模具材料。

（一）铸造模具钢

通过精密铸造工艺直接得到形状复杂的模具铸件，与传统的模具生产工艺相比可以节省加工工时，降低金属消耗，缩短模具制造周期，降低模具制造费用。如美国 ASTM—A597 铸造工具钢标准中包括 7 个牌号，其中冷作模具钢 4 种、热作模具钢 2 种、耐冲击工具钢 1 种。我国不少部门也开始研制并采用精密铸造工艺生产模具，如东风汽车公司冲模厂已经采用火焰淬火冷作模具钢 ZG7CrSiMnMoV 实型铸造工艺，生产出汽车大型覆盖件冲模的刃口镶块模，取得了良好的使用效果和经济效益。

我国研制的铸造热锻模用钢 JCD 钢已经应用于小型热锻模块，代替 5CrMnMo 钢锻造模具。我国研制的铸造锻模钢 ZDM-2（3Cr3MoWVSi）钢，采用陶瓷型精密铸造工艺，通过几十种锻模的生产试用，代替传统的 5CrNiMo 和 3Cr2W8V 锻模，取得了较好的使用效果和经济效益。

（二）非铁合金模具材料

随着工业产品的多样化和中小批量生产的增加，一些低成本、易加工、制造周期短以及具有特殊性能的非铁金属材料模具也逐渐增多，使用较多的是铜合金、铝合金、锌合金材料。

铜合金模具的抗黏着性和热导性好，常用作不锈钢和表面处理钢板的拉深模和弯曲模，近年来也用于注射模。常用作模具材料的是铍青铜，由于铍是有害元素，最近国外又开发出了含 Ni-Si 的 Corson 铜合金，这种析出硬化型合金的特点是具有高强度和高热导性。

铝合金除用于模具的导板、导柱等构件外，现在 5000 系和 7000 系铝合金也应用于一些小批量生产的试制模具，如薄板拉深、塑料成型、发泡塑料等模具。

锌合金的熔点较低，易于熔化和铸造，可加工性好，且可反复回收使用，常常被用作试制模具，主要用于薄板拉深模、弯曲模和铝合金挤压模等。日本近几年又在传统制模用的锌合金基础上，添加 Cu、Al、Ti、Be 等元素，开发出了新型的锌合金材料。

（三）玻璃模具材料

玻璃模具是玻璃制品生产的主要成型工艺装备。在玻璃制品成型过程中，模具频繁地与 1100℃ 以上的熔融玻璃液接触，经受氧化、生长和热疲劳作用。根据玻璃模具的服役条件和失效形式，对模具材料的要求以抗氧化为最主要指标。通常采用耐热合金钢，如 3Cr2W8V、5CrNiNo 以及合金铸铁等。

（四）特种新型模具材料

除了上述几类模具材料外，还开发研制了特种模具用材，如 CrMnN 系无磁模具钢（用于电子产品的无磁模具）、高温玻璃模具钢（用于高温餐具、高透光度的车灯、显像管玻璃模壳模具）、陶瓷模具、复合材料模具等。

第二节 模具材料的性能、选用与发展

模具的工作条件不同，对其材料的性能要求也不同，如冷冲压模具要求其材料具有高的强度、良好的塑性和韧性、高的硬度及耐磨性；冷挤压模具要求其材料具有高强度、高韧性、高淬透性以及良好的耐磨性、热稳定性和可加工性；热作模具用钢要求在其工作温度下保持高的强度和韧性，良好的耐蚀性、热稳定性和优良的热疲劳抗力。

模具的各项性能要求有时是相互矛盾的，一般硬度越高，耐磨性就越高。在同样的硬度下，钢材碳含量越高，耐磨性也就越高。热稳定性与加入元素的种类及数量有关，只有在高

合金含量的情况下，才能达到所要求的抗软化能力。韧性则与前两者相反，碳化物中合金元素增加，钢材变脆，这样就形成耐磨性和韧性之间以及稳定性和韧性之间的两对矛盾。在选择模具材料时，应首先考虑模具的某些基本性能必须能适应所制造模具的需要。在一般情况下，主要是钢的耐磨性、韧性、硬度、热硬性以及热疲劳抗力，这四种性能指标可以比较全面地反映模具材料的综合性能，可以在一定程度上决定其应用范围。当然对于一种模具的性能要求来说，可能其中的一种或两种性能是主要的，而另外的一种或两种是次要的。

一、模具材料的性能

（一）模具材料的力学性能

（1）耐磨性　模具在工作时，其表面往往要与工件产生摩擦，要保持模具的尺寸精度和表面粗糙度，使其不发生早期的磨损失效，就要求模具材料能够承受一定的机械磨损。而具有均匀韧性组织的钢材，其耐磨性能一般都不高。在韧性组织上弥散分布的硬质碳化物颗粒可以提高模具的耐磨性，但要通过正确的普通热处理和化学热处理方法，使模具材料既具有高硬度又使材料中的碳化物等硬质相的组成、形貌和分布合理。模具工作过程中的润滑情况和模具材料的表面处理，也对改善模具的耐磨性有良好的作用。在承受重载和高速摩擦时，模具被摩擦表面能够形成薄而致密附着的氧化膜，保持润滑作用，防止模具和被加工工件表面之间产生黏附、焊合等所导致的工件表面擦伤，同时又能减少模具表面进一步氧化所造成的损伤。

（2）强度　强度是用于表征材料变形抗力和断裂抗力的力学性能指标。对于不同类型的模具材料所要求的强度指标也各不相同，用于评价冷作模具钢塑性变形抗力的主要性能指标是常温屈服强度，而用于评价热作模具钢塑性变形抗力的主要性能指标为高温屈服强度。

影响强度的因素较多，主要的影响因素包括钢中碳及合金元素的含量、晶粒大小、组织形态、碳化物的类型、残留奥氏体的含量、内应力的状态等，都会对模具材料的强度产生明显影响。

（3）塑性和韧性　材料在静载荷作用下产生塑性变形而不破坏的能力称为塑性，钢的塑性通常用断后伸长率和断面收缩率两个指标来衡量。模具钢材料的塑性一般较差，特别是冷作模具钢，塑性会更差，往往在产生很小的塑性变形时即发生断裂。

韧性是指材料在冲击载荷作用下抵抗产生裂纹的能力，反映了模具的脆断抗力，常用材料的冲击韧度指标加以评定。许多模具要承受冲击载荷（如冷作模具的凸模，锤用热锻模具、冷镦模具、热镦锻模具等）的作用，除了要求钢材具有较高的强度外，还要求具有足够的韧性。高碳钢中含钒就有这种优异的性能。采用水淬方式，可获得一定深度的淬火硬化层，而心部仍保持韧性的组织。由于淬火硬化中形成了压应力，可使抗疲劳性能有所提高。

（4）硬度和热硬性　硬度是衡量材料软硬程度的性能指标，模具在工作中需要具有高的硬度和强度，才能保持其原有的形状和尺寸。一般冷作模具钢要求其淬火、回火后的硬度为60HRC左右，热作模具钢为45~50HRC。

热硬性是指材料在高温下保持高硬度的能力。许多模具在加工中产生热量并和加热材料接触，由于热传导常被加热到相当高的温度，不少冷作模具在工作中被加工材料强烈挤压和磨损也会形成很高的温度。这就要求模具材料应具有很高的耐回火性，即在高温下具有保持高硬度的能力。碳素钢和低合金钢的耐回火性差，采用含铬或含钨的合金钢，通常能显著提高模具的耐回火性。

（5）抗疲劳性能　热作模具，如热镦模、压铸模等在服役过程中承受周期性的加热和冷却，冷热疲劳破坏是其失效的主要形式；冷作模具，如冷镦模、冷冲模等在使用过程中承受较高的反复冲击应力，往往因冲击疲劳抗力低而造成疲劳断裂。所以模具的疲劳性能对模具寿命具有很大的影响。如果模具材料热导性和韧性不足，在多次反复加热和冷却的条件下，模具有可能在短期使用后产生裂纹并报废。因此，要用导热性好、韧性高的中碳 Ni-Cr-Mo 钢制造热锻模，用耐热性好、韧性好的中碳 Cr-W-Mo-V 钢和 Cr-W-V 钢制造热挤压模与冷挤压模，用中碳 Si-Mo-V 钢制造铝合金压铸模。

（6）耐热性　模具在工作中，经常会因为摩擦作用而产生局部温度升高的现象，如冷挤压模有时会升温到 400℃以上；锤锻模可达 500~600℃；热挤压模会达到 800~850℃；压铸模会达到 300~600℃。因此，要求模具钢要具有一定的耐热性能，一般包括热稳定性和耐回火性两个主要性能指标。

热稳定性表征钢在受热过程保持其组织和性能稳定的能力；耐回火性表征钢在回火温度升高过程中强度和硬度下降快慢的程度，也称为回火抗力或抗回火软化能力。钢的热稳定性和耐回火性共同表示钢在高温下组织和性能的稳定程度。

上述为模具材料的主要力学性能，但对于不同的服役条件其性能要求不同。对热作模具钢要考虑其抗冷热疲劳性能；对压铸模应考虑其耐熔融金属的冲蚀性能；对于高温下工作的热作模具应考虑其在工作温度下的抗氧化性能；对于在腐蚀介质中工作的模具，应注意其耐蚀性能；对在高载荷下工作的模具应考虑其抗压强度、抗拉强度、抗弯强度、疲劳强度及断裂韧度等。

（二）模具材料的工艺性能

模具在机械、电子、轻工、汽车、纺织、兵器、航空、航天等工业领域里，日益成为使用最广泛的、工业化生产的主要工艺装备，承担了这些工业领域中 60%~90%的产品零件、组件和部件的加工生产。模具材料的工艺性能就成为影响模具成本的一个重要因素，改善模具的工艺性能，不仅可以使模具生产工艺简单、易于制造，而且可以有效地降低模具的制造费用。模具材料的工艺性能，经常要考虑的有以下几种：

（1）可加工性　模具的加工对模具寿命有不同影响，如模具材料毛坯的反复镦拔揉锻、型腔的冷挤压和超塑成形等，都会使模具材质组织致密，并能消除碳化物偏析。因此要减少各种加工手段的不利影响：机加工要保证每道加工工序的加工精度和表面粗糙度；电加工要减小步距偏差、型孔尺寸偏差及表面粗糙度；钳工装配不得损坏已加工成形的工件基准面和工作面，保证模具的装配精度。

对各种精密加工，要求有较好的精度保证，但由于磨削加工可能导致金属表面的局部过热，产生高的表面残余应力以及组织变化等，其结果可能导致磨削裂纹的产生。常见的磨削缺陷有：磨削速度过快引起金属烧伤，以及用钝的或重载砂轮磨削引发的磨削裂纹。细小的磨削裂纹难以用肉眼观察，需用磁粉检测或稀硝酸冷侵蚀方能显示。轻的磨削裂纹常垂直于磨削方向呈平行分布，严重的磨削裂纹呈龟裂状。这些磨削裂纹即使可以通过轻磨予以去除，但危害犹存，常导致模具在服役中的早期失效。为了减少磨削应力以及磨削裂纹，可对工件进行回火热处理。有些模具材料，如高钒高速钢、高钒高合金模具钢的磨削性很差，磨削比很低，不便于磨削加工，近年来改用粉末冶金生产，可以使钢中的碳化物细小、均匀，完全消除了普通工艺生产的高钒模具钢中的大颗粒碳化物，不但使其磨削性大为改善，而且还改善了钢的塑性和韧性，使之能在模具制造中推广应用。

电火花加工常常作为模具的最后加工工序。电火花加工可在淬火、回火模具的表面形成淬火马氏体的白亮层。由于高碳马氏体的固有脆性和显微裂纹的存在，往往导致模具的早期开裂失效。另外，电火花加工可在模具表面形成不良的残余应力，降低了模具的使用寿命。可以通过电加工规准来减少硬化层的厚度，或者用喷丸法等去除变质层。模具的研磨抛光是加工中的关键工序，它不但能提高加工件的表面质量，而且对模具的使用寿命有直接的影响。减小模具型腔的表面粗糙度值，可有效地提高模具的使用寿命，对塑料注射模更是如此。

目前国内抛光工艺常采用手工操作，效率低。国外采用机械抛光、电解抛光、化学抛光、超声抛光、挤压研磨、喷丸抛光等。这些抛光技术可使模具型腔表面微观粗糙度值降低、晶粒细化、残余应力由拉应力转化为压应力，从而提高模具材料的韧性、屈服强度和疲劳强度，降低和减缓黏着磨损，改善模具质量。

(2) 淬透性和淬硬性　对于冷作模具材料大部分要求高硬度，即要求有一定的淬硬性。对于大部分热作模具和塑料模具，对硬度的要求不高，往往更多地考虑其淬透性，应按照模具截面的大小，选择合适的淬透性。钢材模具除了表面应有足够的硬度外，心部也要具有足够的强度。大型模具选用淬透性差的钢材时，表面淬硬层与心部不能获得马氏体淬火组织，在回火时就不能得到高的强度和韧性。形状简单的小模具也常用淬透性较高的结构钢制造，这是为了在淬火后能获得较为均匀的应力状态。对于形状复杂、要求精度高又容易产生热处理变形的模具，为了减少其热处理变形，往往采用冷却能力弱的淬火介质冷却，如油冷、空冷、加压淬火或盐浴淬火等，这就需要采用淬透性较好的模具材料，以得到满意的淬火硬度和淬硬层深度。

(3) 氧化、脱碳敏感性　模具在加热过程中，如果产生氧化、脱碳现象，就会改变模具的形状和性能，影响模具的硬度、耐磨性和使用寿命，导致模具的早期失效。有些钼含量高的模具钢具有极优良的高温性能，但是在高温下极易氧化、脱碳，限制了其应用范围，采用特种热处理工艺（如真空热处理、可控气氛热处理、盐浴热处理等）以后，能够避免氧化、脱碳，使钼基合金得到了广泛应用。

(4) 淬火变形与开裂倾向性　模具在制造过程中，都需要进行淬火操作，而在加热、保温、冷却的过程中，都会在模具材料内部产生热应力和组织应力，很容易引起模具的变形或者开裂。模具的淬火变形与开裂倾向性受到很多因素的影响，特别是与材料成分、原始组织状态、模具的形状与尺寸、热处理工艺及参数选择等有很大关系。

通过有效地控制加热温度、保温时间、冷却速度等热处理工艺参数，合理地选择模具材料，保证材料的原始组织和最终热处理后的组织与性能，能有效地减小模具的淬火变形与开裂倾向。

二、模具材料的选用

根据模具生产条件和工作条件的需要，结合模具材料的基本性能和相关因素，应选择适合模具需要、经济合理、技术先进的模具材料。对于一种模具，如果单纯从材料的基本性能考虑，可能几种模具材料都能符合要求，然而必须综合考虑模具的使用寿命、制造工艺过程的难易程度、模具制造的费用以及分摊到每一个工件上的模具费用等多种因素，进行综合分析评价，才能得出符合实际的正确结论。

为了便于模具材料的选用，通常根据工作条件将模具分为冷作模具、热作模具和塑料模具三大类。随着模具工作条件的日益苛刻，各国还相继研发了不少适应新要求的新钢种以及其他一些类型的模具，如玻璃模具、陶瓷模具以及复合材料模具等。目前各国使用量较大的模具材料集中在一些通用型模具钢上。现将通用模具钢钢种以及一些新型模具材料的发展情况概述如下。

（一）冷作模具材料

冷作模具钢是应用量大、使用面广、种类最多的模具钢，主要用于制造冲压、剪切、辊压、压印、冷镦和冷挤压等用途的模具，一般要求其具有高的硬度、强度和耐磨性，一定的韧性和热硬性，以及良好的工艺性能。近年来碳素工具钢使用得越来越少，高合金钢模具所占的比例仍为最高。表 2-4 列出了一些国家通用的冷作模具材料及相近的钢牌号。

表 2-4　一些国家通用的冷作模具材料及相近的钢牌号

类别	美国（AISI）	日本（JIS）	俄罗斯（ГОСГ）	中国（GB）	使用硬度 HRC	使用范围
低合金钢	O1	SKS3	9ХВГ	9CrWMn	58～62	简易冲模、拉深模
	O7	SKS31	ХВГ	CrWMn		
中合金钢	A2	SKD12	9Х5ВФ	Cr5MoV	58～62	火焰淬火模具
高合金钢	D2	SKD11	Х12М	Cr12MoV	60～62	通用型冷作模具
	D3	SKH51	Х12	Cr12		
高速钢	M2	SKH55	Р6М5	W6Mo5Cr4V2	60～64	长寿命冷锻模、冷冲模
	M35	SKH57	Р6МSК5	W6Mo5Cr4V2Co5		

冷作模具钢以高碳合金钢为主，均属热处理强化型钢，使用硬度高于 58HRC。以 O1 钢为典型代表的低合金冷作模具钢，一般仅用于小批量生产中的简易型模具和承受冲击力较小的试制模具。Cr12 型高碳合金钢仍是大多数模具的通用材料，典型代表钢种是 D2 钢，这类钢的强度和耐磨性较高，韧性较低。在对模具综合力学性能要求更高的场合，常用的替代钢种是 M2 高速钢。

1. 常用冷作模具钢

冷作模具钢种类较多，一般常用的冷作模具钢材有以下几种：

（1）碳素工具钢 T8A、T10A　这是冲模中应用最广、价格最便宜的材料。适宜形状简单的冲模，其优点是可加工性好，有一定的硬度；缺点是淬火变形大，耐磨性能较差；热处理后的硬度为 58～62HRC。

（2）低合金钢 CrWMn、9SiCr　淬透性能好，淬火变形小，耐磨性较好，机械加工容易，常用来制造形状复杂、要求变形较小的中小型冷作模具，表面可进行渗硼等化学热处理，对于因崩刃和断裂而早期失效的冷作模具，使用该钢可显著提高其使用寿命，热处理后的硬度为 58～62HRC。

（3）高碳高铬模具钢 Cr12、Cr12MoV　这类模具钢具有高强度、耐磨、易淬透、稳定性高、抗压强度高及微变形等优点，常用于冲击力大、使用寿命高、形状复杂的冷作模具，热处理后的硬度为60~64HRC。

（4）高碳中铬模具钢 Cr6WV、Cr4W2MoV 为了克服Cr12型高碳高铬冷作模具钢因碳化物偏析易脆开裂的缺点，20世纪70年代以来，国内外均进行了大量的研究工作，通过降低铬含量，研制了几种新型中铬耐磨高韧性冷作模具钢。这类钢铬含量较小，耐磨性、淬透性能稍差，但由于加入了W、Mo、V等合金元素，提高了钢的稳定性、力学性能和耐磨性，适用于弯曲模，热处理后的硬度为50~60HRC。

（5）基体钢 基体钢是指在高速钢淬火组织基体的化学成分基础上，添加少量的其他元素，适当增减碳含量，使钢的成分与高速钢基体成分相同或相近的一类模具钢。这类钢由于去除了大量的过剩碳化物，与高速钢相比，其韧性和疲劳强度得到了大幅度的改善，但又保持了高速钢的高强度、高硬度、热硬性和良好的耐磨性。以65Nb钢为例，该钢的成分与M2高速钢淬火组织中的基体成分相当，但碳的质量分数提高到了0.65%，使其具有一定数量的一次碳化物，因而改善了耐磨性。

（6）YG硬质合金 是一种多相结合材料，其耐磨性、硬度、机械强度都较高，可用于大批量、寿命高的小型冷作模具。其缺点是不能进行切削加工，价格较贵。

（7）YE钢结硬质合金 既具有合金钢的可锻造、切削加工、焊接及热处理等性能，又具有硬质合金的高硬度、高耐磨性的特点，是一种很好的模具材料，但价格很贵。

2. 新型冷作模具材料

随着模具技术的发展，为了适应不同模具的特殊性能要求，各国的模具工作者除对传统的模具材料不断开发新的热处理工艺外，还不断开发具有不同特性以适应各种性能要求的新型模具材料。各国有针对性地发展了一些新型的模具钢。

（1）高韧性、高耐磨性模具钢 Cr12、Cr12MoV、Cr12Mo1V1型模具钢，耐磨性很好，但是韧性差，抗回火软化能力也不足。Cr12MoV、Cr12Mo1V1中增加了钼、钒合金元素的数量，在钢中形成了大量MC型高弥散度碳化物，与Cr12相比，其耐磨性和使用性能都有所提高，但韧性和耐回火性仍不够。近年来，国内外相继开发了一些高韧性、高耐磨性模具钢，其碳、铬含量低于Cr12型模具钢，其耐磨性不低于或优于Cr12Mo1V1钢，韧性和耐回火性则高于Cr12型钢。比较具有代表性的钢牌号有美国钒合金钢公司早期发布的VascoDie（8Cr8Mo2V2Si），近年来日本山阳特殊钢公司发布的QCM8（8Cr8Mo2VSi）、日本大同特殊钢公司的DC53（Cr8Mo2VSi）等，我国自行开发的模具钢则有7Cr7Mo2V2Si（LD钢）、9Cr6W3Mo2V2（GM钢）等，分别用于冷挤压模、冷冲模及高强度螺栓的滚丝模等，都取得了良好的使用效果。另外，还有中合金空淬模具钢，如Cr5Mo1V则是国际上通用的钢牌号，其耐磨性优于低合金模具钢CrWMn、9CrWMn，而韧性则高于高合金模具钢Cr12、Cr12MoV、Cr12Mo1V1，既具有较好的耐磨性，又具有一定的韧性和热硬性。

（2）低合金空淬微变形钢 这类钢的特点是合金元素含量低（$w_{Me} \leqslant 5\%$），淬透性和淬硬性好，100mm的工件可以空冷淬透，淬火变形小、工艺性好、价格低，主要用于制造精密复杂模具。具有代表性的钢牌号有：美国ASTM标准钢牌号A4（Mn2CrMo）、A6（7Mn2CrMo），日本大同特殊钢公司的G04，日本日立金属公司的ACD37等。我国自行研制的Cr2Mn2SiWMoV和8Cr2MnMoWVS等钢种，也属于低合金空淬微变形钢，后一种钢还兼备优良的可加工性。

（3）火焰淬火模具钢 近年来，国外开发了一些适应火焰淬火工艺需要的冷作模具钢。

这类钢具有淬火温度范围宽、淬透性好的特点。火焰淬火的工艺已经广泛地应用于制造剪切、下料、冲压、冷镦等冷作模具，特别是大型镶块模具。对于大型镶块模具的加工和热处理问题，各国都开发了Si-Mn系列的高碳（w_C=0.6%~0.8%）中合金型火焰淬火钢。这类钢的切削和焊接性能好，淬火温度范围宽，可在机加工完成后采用氧乙炔喷枪或专用加热器对模具的工作部位进行加热并空冷淬火后直接使用。这类冷作模具钢发展很快，代表性的钢牌号如日本爱知制钢公司的SX5（Cr8MoV）、SX105V（7CrSiMnMoV）、L22J，日本山阳特殊钢公司的QF3，大同特殊钢公司的G05，日本日立金属公司的HMD1、HMD5等。我国研制的7CrSiMnMoV火焰淬火钢与日本的SX105V钢成分相同。淬火时可用火焰加热模具刃口切料面，淬火前需对模具进行预热（预热温度为180~200℃）。该钢淬火温度范围较宽（900~1000℃），对模具刃口施行局部火焰加热，其硬化层的硬度与整体淬火相近，表层具有残余压应力，硬化层下又有高韧性的基体，减少了刃口开裂、崩刃等早期失效的发生，提高了模具寿命。该类钢的另一个特点是淬火变形小，一般只有0.02%~0.05%，故可以在机加工完成后采用氧乙炔喷枪等工具，对模具工作部位进行火焰加热空冷淬火和火焰加热回火后直接使用，在实际生产中取得了良好的效果。

（4）粉末冶金冷作模具材料　对于大批量生产中要求高耐磨性的冷作模具，常用钼系高速钢替代Cr12型模具钢，其中含钴高速钢的耐磨性较高，但韧性很低。近年来国外粉末冶金高速钢发展很快，这种用粉末冶金方法生产的高速钢，碳化物细小均匀，基体硬度高，耐磨性好，韧性也大为改善。如美国坩埚钢公司的CPM10V（w_C=2.45%、w_V=10%、w_{Cr}=5%、w_{Mo}=1.3%）钢，耐磨性可与硬质合金相近，韧性则远超过硬质合金。其中含钴型粉末冶金高速钢的使用硬度最高，耐磨性最好，但韧性很低；而DEX20型和DEX40型粉末冶金高速钢的韧性可高于相同硬度的M2（W6Mo5Cr4V2）高速钢。粉末冶金高速钢模具的应用效果表明，其使用寿命比钢模具延长3~8倍。

（5）用于冷作模具的钢结硬质合金　钢结硬质合金是以高熔点碳化物WC、TiC作为硬质相，以碳素工具钢、合金工具钢或不锈钢作为黏结相，通过粉末冶金真空烧结轧制而成。钢结硬质合金是新型高效能工程材料，既有硬质合金相的高硬度、高耐磨性，又有黏结相的热加工性能，可进行锻造、热处理、强化和焊接，热处理变形微小，能胜任一般冷作模具材料无法胜任的大锻力、大负荷的模具。钢结硬质合金材料广泛应用于冷作模具。钢结硬质合金代表性的牌号有以TiC为硬质相的GT35、R5、D1、T1等，以WC为硬质相的GW50、GJW50、TLMW50等。

（二）热作模具材料

热作模具要求其材料在工作温度下具有良好的强度、硬度、耐磨性、抗冷热疲劳性能、抗氧化性和抗特殊介质的腐蚀性能，用于制造锻压、压铸、热挤压、热镦锻及等温超塑成形用模具。

热作模具钢多为中碳合金钢，用于热锻模、热挤压模、压铸模以及等温锻造模具等。热作模具的主要性能要求是在工作温度下具有较高的强韧性、抗氧化性、耐蚀性、高温硬度、耐磨性及抗冷热疲劳性能。常用热作模具钢的种类主要有5Cr型、3Cr-3Mo型、Cr-W型和Cr-Ni-Mo型合金工具钢，特殊场合也使用基体钢、高速钢和马氏体时效钢。

（1）5Cr型热作模具钢　5Cr型热作模具钢的典型钢种是H18钢和H11钢，这类钢的综合性能较好，尤其是抗冷热疲劳性强，是目前各国用量最多的标准型热作模具钢。近年来，有些国家采用电渣重熔、特殊锻造工艺等，推出了优质H13钢，这种钢纯净度高，模块性能具有各向同性，尤其是韧性明显提高。据介绍，用优质H13钢制造的压铸模使用寿命比普通H11钢提高2倍。日本大同特殊钢公司在H13钢基础上增加少量Mo、V等元素，研制出DH21钢，使热强性和高温抗冲蚀能力提高，用DH21钢制作铝合金压铸模的寿命可相当于H13钢模具的两倍。由于DH21钢优良的耐热裂性，常用来压铸汽车发动机旋转零件和要求注重外观的构件。

对于要求高韧性、低耐热性的锤锻模用钢，国外仍以5CrNiMo钢为主。为进一步提高锻模寿命，还开发了韧性较高、耐热性更好的钢种，如俄罗斯的30X3HMΦ、4X3BMΦ，美国的H10、H11、H13等，其模具使用寿命为5CrNiMo钢的1.5~3倍。

（2）3Cr-3Mo型热作模具钢　3Cr-3Mo型热作模具钢的基本钢种是美国的H10钢。这类钢韧性较高，热强性优于H13钢，可用于热锻模和温锻模。为了提高其热强性和耐磨性，瑞典在H10钢的基础上加入2%~3%的钴（质量分数），开发出了QRO45钢、QRO80M钢和QRO90 SUPREME钢，日本大同特殊钢公司研制出了DH71钢。

对于小尺寸的锤锻模，采用H10类型的模具钢，虽然有许多优点，但其性能受淬火冷却速度的影响较大，冷却速度慢时，韧性就会显著下降。为此，日本爱知钢厂将3Cr-3Mo型热作模具钢加以改进，提高了Si、Cr、Ni的含量，使韧性提高了一倍以上。在质量约为100kg的汽车锻件上，模具寿命提高了约0.8倍。

日本大同钢厂还在3Cr-3Mo型热作模具钢基础上进一步加以改进，降低碳含量，加入2.5%的钴（质量分数），使钢的韧性提高了1.6倍，寿命提高了50%。各国模具钢标准中都有一些含钴的钢种。日本在公布的新标准中就补进了含钴的H19类钢种，定名为SKD8。钴的价格较高，属于稀缺的物资，只有在必要时才使用含钴的模具钢。另一条提高热作模具钢热稳定性与韧性的途径是使合金元素含量更加合理化。瑞典Uddeholm公司近年来开发了QRO80M、QRO90 SUPREME新钢种，它是利用合理合金化配比，使其产生较多弥散的VC析出相，并在微量元素作用下，提高钢的热稳定性、抗热疲劳性，在这些性能方面均优于3Cr2W8V钢。

（3）超级热作模具材料　热作模具材料以要求热强性为主时，可以选用铁基（Cr18、Ni26、Ti12）、镍基（Cr18、Fe18、Nb5、Mo3）以及钴基材料。另外，几乎所有的高温合金均可用于热作模具。热作模具要求耐磨性为主时，可以选用高铬莱氏体钢、高速钢、高钒粉末钢、钢结硬质合金以及工程陶瓷。高钒粉末钢以其低廉的原料成本和特别高的耐磨性、良好的韧性备受重视。工程陶瓷也具有热强、耐磨特性，但因抗裂性能低而受到限制。

（4）其他热作模具钢　Cr-W型热作模具钢的传统钢种是H21（8Cr2W8V）钢，由于这种钢的韧性低，抗冷热疲劳性能差，现在国外已广泛采用H13钢取代。Cr-W型热作模具钢的高温强度和耐磨性好，一些高温锻模和高温压铸模有时使用H19钢。

国外还发展了一些新型高铬耐蚀模具钢，如俄罗斯的2X9B6钢等。Cr-Ni-Mo型热作模具钢主要用于大型热锻模，这类钢的淬透性、耐回火性和韧性较高，可加工性好，但耐磨性差。在特殊情况下，以提高耐磨性和热硬性为主要目的而用于热作模具的高速钢，多为W系高速钢。为了保证足够的韧性和抗冷热疲劳性能，钢中碳的含量较低（w_C = 0.3%~0.6%），相当于基体钢。基体钢属于高强韧性热作模具钢。马氏体时效钢的综合性能最好，表面粗糙度值小，热处理变形小，但成本较高，一般仅用于复杂、精密的压铸模和挤压模。

（三）塑料成型模具材料

随着塑料工业的发展，塑料制品日益向大型、超小型、复杂、精密的方向发展。模具是塑料成型加工业的重要工艺装备，塑料制品的更新换代对模具的要求也更高。一般要求具有高的韧性，优良的热处理性、可加工性。

我国目前采用的45、40Cr钢等因寿命短、表面粗糙度值大、尺寸精度不易保证等缺点，不能满足塑料制品工业发展的需要。工业发达国家较早地注意到了提高塑料模具材料的寿命和模具质量问题，已形成专用的钢种系列。如美国ASTM标准中的P系列包括7个钢牌号，其他国家的一些特殊钢生产企业也发展了各自的塑料模具用钢系列，如日本大同特殊钢公司的塑料模具钢系列包括13个钢牌号，日立金属公司则列入了15个钢牌号。我国国家标准中只列入了3Cr2Mo（P20）一个钢牌号，但近年已经初步形成了我国的塑料模具用钢系列。塑料模具钢可以分为下述几类。

1. 通用型塑料模具钢

塑料模具钢的性能主要要求加工性能、耐蚀性和镜面度，一些特殊的模具还要求有高的耐磨性和韧性。当今塑料模具钢已形成较完整的体系，大致分为以下几类：

（1）基本型塑料模具钢　如65钢，碳的质量分数为0.65%，在锻后正火状态直接加工成形，使用硬度很低（<20HRC），可加工性好，但模具表面粗糙度值大，使用寿命短，现仅在少量的聚丙烯和ABS等一般热塑性树脂的注射成型模具上使用，如汽车缓冲器注射模和电视机外壳注射模等。目前此类钢已基本被预硬钢取代。

（2）预硬化型塑料模具钢　是用量最大的通用型模具材料，典型的代表钢种是美国的P20钢。这类钢是在中、低碳钢中加入一些合金元素所形成的低合金钢，淬透性较高且保持良好的可加工性，调质后加工使用，硬度通常在25~35HRC。目前，这种直接加工型腔的预硬钢，其上限硬度可达43HRC。这类模具也是用于一般热塑性树脂的注射成型，如聚乙烯、聚酰胺、丙烯酸类树脂和ABS材料成型。

（3）时效硬化型塑料模具钢　如美国的P21、日本的NAK55是在中、低碳钢中加入Ni、Cr、Al、Cu、Ti等合金元素。先对毛坯进行淬火、回火处理，使其硬度小于30HRC，然后加工成模具，再进行时效处理，由于金属间化合物的析出使模具的硬度上升到40~50HRC。这类钢的耐蚀性和耐磨性优于预硬钢，可用于复杂精密模具或大批量生产用的长寿命模具。这类钢中常加入S、Pb、Ca等元素以改善其可加工性。

（4）热处理硬化型塑料模具钢　如美国的D2，日本的PD613、PD555等可分为高碳高铬型（冷作模具钢）的高耐磨塑料模具钢和低碳高铬型的高耐蚀性塑料模具钢两种。这类钢制造的模具，需在精加工后进行淬火、回火处理，使用硬度为50~60HRC，模具表面能达到很高的镜面度，并可进行表面强化处理。为了提高模具的镜面度，国外对这类钢常采用电渣重熔或真空精炼方法，提高钢的纯净度。此外，从提高钢中显微组织的均匀性出发，研制出了一些与此类钢成分相当的粉末冶金模具钢。粉末冶金高速钢也可用于高耐磨性的塑料模具，使用硬度为63~68HRC。

（5）粉末模具钢　对于要求高耐磨性、高耐蚀性、高韧性和超高镜面度的高级塑料模具，可采用马氏体时效钢或粉末冶金模具钢。用粉末冶金方法生产的模具钢，与高碳高铬型模具钢有相同的化学成分，而显微组织中的碳化物均匀微细，可使模具达到极高的镜面度。如日本神户制钢公司研制的KAD181和KAS440两种粉末冶金模具钢就是在D2钢的基础上，提高铬含量的钢种。这两种钢的使用硬度可达62~64HRC，表面粗糙度值 Ra 可达0.01μm，用于一些产品批量很大的高级塑料模具，寿命可达到普通热处理硬化型钢模具寿命的2~3倍。

（6）钢结硬质合金　以其高硬度和高耐磨性的特点，在多工位精密冲模中被广泛应用。近年来，国外钢结硬质合金的发展很快，其特点是硬质相向多样化方向发展，如TiCN、TiB等多种硬质相；黏结相钢种不断向普通硬质合金靠近，硬质相的质量分数最高可达94%，另一方面向粉末冶金高速钢靠近，钢基体的质量分数最高可达90%。如日本日立金属公司开发的10%TiN型钢结硬质合金，其使用硬度高于73HRC，常用于冷成形模具，效果优于高速钢和普通硬质合金。此外，以5%~20%（质量分数）铁族元素为黏结相的复合硬质相型（TiC、WC、TiN、AlN、TaC等）钢结硬质合金在800℃下具有很高的耐磨性，可用于热锻模。

2. 新型塑料模具用钢

近年来发展了几种典型的塑料模具用钢，现介绍如下：

（1）LJ塑料模具钢　是华中科技大学与大冶钢厂合作研制的一种冷挤压成形塑料模具钢。此类材料在挤压时具有高塑性、低变形抗力，以利于成形；经过表面硬化处理后，表面具有高硬度、高耐磨性，同时，心部具有良好的强韧性，以利于提高模具的使用寿命。

LJ钢采用了微碳多元少量的合金化方案，降碳的同时适量加入Cr、Ni、Mo、V等合金元素，以保证获得优良的工艺性能与使用性能。其设计成分为：$w_C \leqslant 0.08\%$、$w_{Mn}<0.3\%$、$w_S<0.2\%$、$w_{Cr}=3.60\%\sim4.20\%$、$w_{Ni}=0.30\%\sim0.70\%$、$w_{Mo}=0.20\%\sim0.60\%$、$w_V=0.08\%\sim0.15\%$，其 Ac_1 为780℃，Ac_3 为850℃。

（2）钛铜合金塑料模具材料　钛铜合金是在铜中加入6.5%（质量分数）以下的钛，然后在一定条件下析出硬化相的新型高强度、高硬度合金，该合金耐磨损、耐腐蚀、耐疲劳。将其固溶处理后有一个硬度最低值，此时易于进行各种形变或切削加工，而随后再进行低温时效处理，可在不产生氧化和变形的情况下，使其强度和硬度大幅度升高，同时其热导性也随之提高，是碳钢的3倍左右。所有这些性质都是作为模具材料所期望的。采用“固溶处理→冷挤压成形→时效硬化”的工艺制作塑料模具型腔就是利用了这些性质。

（3）铍铜合金塑料模具材料　成分为：$w_{Be}=2.50\%\sim2.70\%$、$w_{Co}=0.35\%\sim0.65\%$、$w_{Si}=0.25\%\sim0.35\%$，余量为Cu。Be-Cu合金塑料模具有以下优点：

1）耐磨损，使用寿命长，Be-Cu合金模具强度高达980~1100MPa，经时效处理后硬度可达35HRC。注射次数越多，模面越光滑。

2）精度准确，复制性佳，表面光洁。

3）热导性良好，可提高制品的生产速度。

4）可降低制模成本，缩短工时，减少机床台数，节省人工。

5）可制作形状复杂且无法以机械加工、冷压成形加工或放电加工等方法制作的模具。

（4）大截面塑料模具钢（P20BSCa）　华中科技大学研制了一种适合大截面注射使用的P20BSCa预硬型易切削塑料模具钢。此钢除满足注射模各项基本性能要求外，还具有高的淬透性，以保证截面性能的均匀一致。其化学成分为：$w_C=0.37\%$、$w_{Mn}=1.43\%$、$w_{Si}=0.7\%$、$w_{Cr}=0.99\%$、$w_{Mo}=0.22\%$、$w_S=0.08\%$、$w_{Ca}=0.008\%$，V、B适量。其中Cr、Mn、

B 可提高淬透性，Mo 可抑制回火脆性，V 可细化晶粒，减少过热敏感性，提高钢的强度与韧性。模拟冷却试验结果表明，P20BSCa 钢具有良好的淬透性，有效直径为 600mm 的模块可淬透，且淬火及回火后心部硬度可达 33HRC 以上，证明该钢完全可以作为要求预硬硬度为 30~35HRC 的大型或超大型塑料模具用材。

（5）新型易切削贝氏体塑料模具钢（Y82） 新型易切削贝氏体塑料模具钢 Y82 是由清华大学研制而成的，采用中碳和少量普通元素 Mn、B 合金化，添加 S、Ca 改善可加工性，是一种很有前途的新钢种。

Y82 空冷后获得贝氏体/马氏体复相组织，具有强韧性配合良好和淬透性高的特点。对于大尺寸模具，中心也能获得所要求的组织与强度。为了改善可加工性，在 Y82 钢中加入了易切削元素 S、Ca。模具在预硬状态（硬度为 40HRC）时具有良好的可加工性和表面抛光性能，加工成形后可直接使用，保证了模具的表面粗糙度及尺寸精度要求，从根本上避免了模具成品热处理变形和开裂等问题。

（6）塑料模具标准件顶杆用钢（TG2） 国外标准件顶杆用材已逐步形成系列，国内用材还比较混乱，质量不稳定，因此研制了顶杆用钢 TG2。顶杆在注射模中的作用是将成型好的塑料制品顶出型腔，工作时承受较大的压力，其工作部位应具备较高的耐磨性、耐蚀性、耐热性，具有良好的加工工艺性能。所设计的顶杆用钢应在进行整体淬火与回火处理后，具有一定的强韧性与所需的硬度，而且还应具备良好的渗氮性能，以满足不同条件下的使用性能要求。

TG2 钢的化学成分为：$w_C = 0.52\% \sim 0.60\%$、$w_{Cr} = 1.20\% \sim 1.60\%$、$w_{Mo} = 0.15\% \sim 0.35\%$、$w_P \leqslant 0.03\%$、$w_S \leqslant 0.03\%$，V、Mn、S 适量。其中碳是为了提高整体淬火硬度，铬可提高钢的淬透性和强度，Mo 可防止回火脆性，V 可细化晶粒。

三、模具材料的发展

国内模具钢的生产技术发展迅速，近年来已逐步形成了我国自己的模具钢系列，建成了不少先进的生产工艺装备。但是模具钢的生产技术、产品质量等方面还存在很多问题，致使模具早期失效的比例仍很高。

针对以上问题，急待开展以下工作：发展模具材料冶炼技术，保证模具材料性能；完善模具材料系列，合理使用材料；发展热处理技术，延长模具的使用寿命；改善冷热加工工艺，提高模具寿命。

（一）模具钢的冶炼技术

为了提高模具钢的纯净度和致密度，减少偏析，国外现在多采用炉外精炼（LF 法）、电渣重熔（ESR 法）和真空电弧重熔（VAR 法）等冶炼技术。其中尤以 LF 法和 ESR 法应用得越来越多，并且一些模具钢生产厂已有对某些大尺寸规格或表面粗糙度要求高的模具，必须采用电渣重熔技术冶炼模具钢的规定。

（二）模具材料的开发与应用

根据模具制造业的发展需要，不断地开发和完善模具材料，形成我国新的模具钢系列。在实际生产中，合理使用模具材料，并且推广应用一些性能较好的新型模具材料。

（三）模具材料的热处理

热处理不当是导致模具早期失效的重要因素。热处理对模具寿命的影响主要反映在热处理技术要求和热处理质量两个方面。统计资料表明，由于选材和热处理不当，致使模具早期失效的约占70%。为了改善模具材料性能、提高模具寿命，常用的热处理方法有以下几种：

（1）真空热处理　在进行热处理时，模具表面可能会发生氧化、脱碳、增碳等效应，都会对模具的使用寿命产生一定的影响。为了防止出现模具表面的氧化、脱碳、增碳等现象，可以选用真空作为加热介质，进行真空热处理。国外模具材料的热处理，越来越多地使用真空炉、半真空炉和无氧化保护气氛炉。即使是钢坯退火也广泛使用真空炉或保护气氛退火炉；大型半真空炉的装载量可达2000kg，卧式真空炉的装载量可达1000kg，热处理过程中的工艺参数均采用计算机控制。模具采用真空炉热处理，可保持表面无氧化、脱碳的变质层，减小淬火变形，省略或缩短热处理后的电加工、线切割和研磨等工序的时间。近年来，为了加快淬火冷却速度，防止碳化物在晶界析出，提高模具材料基体的强度、韧性和耐蚀性，真空淬火时采用约6个标准大气压[⊖]的氮气，以30m/s的速度吹向模具，实现快速淬火。

（2）深冷处理　深冷处理在国外已被广泛应用，主要是采用液态氟为冷却剂（-196℃），利用汽化潜热的快速冷却方式，将淬火后的模具冷至-120℃以下，并保持一段时间。深冷处理的效果主要有：残留奥氏体几乎可全部转变成马氏体；材料组织细化并可析出微细碳化物；耐磨性比未经深冷处理的模具高2~7倍，比普通冷处理的模具高1~8倍。O1、A2、D2、M2模具钢的最佳深冷处理温度分别为-120℃、-124℃、-126℃、-128℃。为了防止深冷处理时产生开裂，深冷处理前须在100℃热水中进行一次回火，并在深冷处理后放入50~60℃的热水中快速升温，使表面膨胀而获得减小应力的效果。深冷处理除可提高耐磨性外，还可作为稳定模具尺寸的一种处理方法。

（3）高温回火　是一种消除钢中残留奥氏体的方法，并且可消除模具的残余应力，提高韧性，防止开裂。对于D2、D3和粉末冶金高速钢这些高硬度的冷作模具钢，当残留奥氏体含量超过3%时，相同硬度下的强度会降低16%~20%，而在200℃以下回火后，残余应力仅消除50%。因此对于一些要求较高韧性的模具，为避免开裂而不宜采用深冷处理的模具，需消除残留奥氏体和残余应力防止持久变形的模具，以及热处理后准备电加工的模具，均可采用高温回火处理。高温回火的缺点是析出较多的碳化物，对要求超镜面度的塑料模具不宜采用。高温回火后的硬度较低，耐磨性不如低温回火的模具，但对于进行表面低温化学热处理（如渗氮、渗硫、氧氮共渗处理等）或表面气相沉积（如CVD、PVD）的模具应采用高温回火。

（四）模具材料的冷热加工工艺

锻造和机加工对模具寿命的影响常常被人们所忽略，不正确的锻造和机加工工艺往往成为模具早期失效的关键。以Cr12MoV钢为例，该钢是国内最常用的冷作模具钢之一，因此，改善其碳化物分布已成为提高模具寿命的重要环节。其共晶网状碳化物难以通过热处理消除，必须进行锻造使其细化并均匀化。国家标准中对网状碳化物的级别要求较宽，在实际使用中需要重新改锻，使其达到2级以下的碳化物要求。为此需要对钢坯从不同方向上进行多次镦粗和拉拔，并按“二轻一重”的方法进行锻造，即在1100~1150℃开始锻造时要轻击，防止锻裂，在1000~1100℃温度区间内要重击以保证击碎碳化物，在1000℃以下因钢的塑

⊖ 1个标准大气压=101325Pa。

性降低，需要再度轻击，防止出现内裂纹，并确保最后形成的碳化物排列方向垂直于模具的工作面，终锻温度在850~900℃，锻造比一般控制在2~2.5。利用锻后余热进行淬火和低温回火，获得隐针马氏体、细小弥散分布的碳化物和少量残留奥氏体，可大幅度提高模具的使用寿命。

不正确的机加工可能在三个方面导致模具的早期失效：①不当的切削加工，形成尖锐圆角或过小的圆角半径时，常常造成应力集中，使模具早期失效；②表面粗糙度值大，存在不允许的刀痕，常常使模具因早期疲劳破坏而失效；③机加工没有完全均匀地去除轧制和锻造形成的脱碳层，致使模具热处理后形成软点和过大的残余应力，导致模具早期失效。

习题与思考题

1. 模具材料一般可分为哪几类?
2. 简述模具材料的力学性能要求和工艺性能要求。
3. 简述模具材料的选用原则。
4. 简述我国模具材料的发展概况。

冷作模具材料及热处理

冷作模具是指在冷态下通过塑性变形生产制件的模具，在机械、电器、轻工、仪表等行业应用广泛。合理选择模具材料、正确实施热处理工艺是提高制件质量和模具使用寿命的重要因素，常用的冷作模具材料有冷作模具钢、硬质合金、铸铁、陶瓷等。

第一节　冷作模具材料的主要性能要求

冷作模具通常是指在常温下完成对金属或非金属材料进行塑性变形加工的模具，包括冷冲裁模、冷拉深模、弯曲模、冷镦模、冷挤压模、拉丝模等，可以完成的工序包括冲孔、落料、挤压、冷镦、拉深、弯曲、拉丝等。

一、冷作模具材料的使用性能要求

冷作模具在工作中承受拉伸、压缩、弯曲、冲击、疲劳、摩擦等机械作用，从而会发生脆断、镦粗、磨损、咬合、啃伤、软化等现象。因此，冷作模具材料应具备一定的断裂抗力、变形抗力、磨损抗力、疲劳抗力以及咬合抗力。

（一）变形抗力

衡量冷作模具材料变形抗力的指标主要有：硬度、抗压强度、抗拉强度、抗弯强度。

（1）硬度　硬度是衡量冷作模具材料抵抗变形能力的主要指标，在室温条件下硬度一般保持在60HRC左右。对于一个钢种而言，在一定范围内，硬度与变形抗力成正比。但对于硬度相同而成分及组织不同的钢种而言，其塑性变形抗力可出现明显的差异，如图3-1所示。

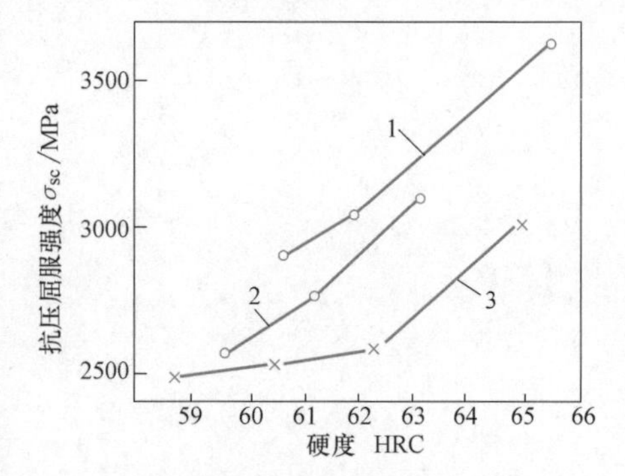

图3-1　硬度对三种冷作模具钢抗压强度的影响

1—W6Mo5Cr4V2　2—Cr12MoV　3—Cr5MoV

实践表明，在同一硬度下，不同的冷作模具钢，在使用中所表现出的变形抗力也有明显的差别。因此，单纯用硬度指标不能充分反映各种模具材料的变形抗力。

（2）抗压强度　抗压强度是衡量冷作模具钢变形抗力的主要指标，其特点是这种试验方法最接近于凸模的实际工作条件，因而所测得的性能数据与凸模在工作时所表现出的变形抗力较为吻合。

（3）抗弯强度　抗弯试验的优点是测试方便，应变量的绝对值大，能灵敏地反映出不同钢种之间在不同热处理状态下变形抗力的差别。

（二）断裂抗力

（1）一次性脆断抗力　能表征一次性脆断抗力的指标为：一次冲击断裂功、抗压强度和抗弯强度。上述指标可反映凸模在过载时的断裂抗力。

（2）疲劳断裂抗力　下列指标可反映模具在不同工作条件下的疲劳断裂抗力：小能量多次冲击断裂功或多次冲击断裂寿命，拉-压疲劳强度或疲劳寿命，接触疲劳强度或接触疲劳寿命。可由在一定的循环载荷下所表现出的断裂循环次数，或在规定的循环次数下能导致试样断裂的载荷值来表征。图 3-2 所示为三种冷作模具钢的拉-压疲劳曲线。

由图 3-2 可见，以 W6Mo5Cr4V2 钢最好，CrWMn 钢最差。

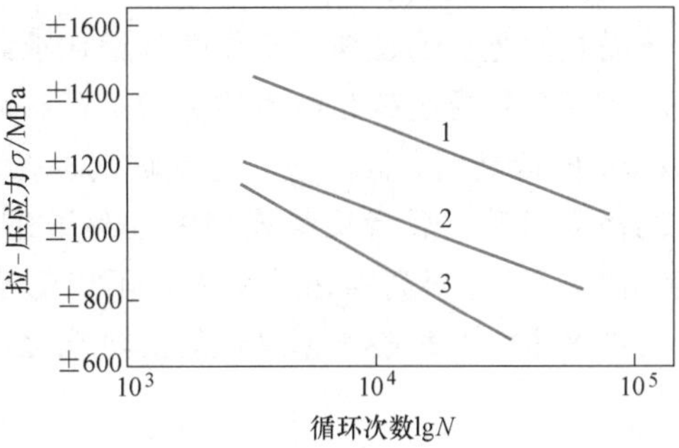

图 3-2　三种冷作模具钢的拉-压疲劳曲线

1—W6Mo5Cr4V2　2—Cr12MoV

3—CrWMn

（三）耐磨性

耐磨性是冷作模具钢的基本性能指标之一，可用模拟试验法测出其相对耐磨性指数 ε，作为表征不同化学成分及组织状态下的耐磨性水平参数。图 3-3 所示为用不同的钢种制作的标准冲孔模，对冷轧硅钢片进行冲孔试验的结果，以呈现规定毛刺高度前的冲次（寿命）反映各钢种的耐磨性水平。以 Cr12MoV 钢为基准（$\varepsilon=1$），进行对比。

由于模具材料的硬度和组织是影响模具耐磨性的主要因素，为提高冷作模具的抗磨损能力，通常要求其硬度高出工件材料硬度的 30%～50%，其使用状态的显微组织要求为回火马氏体或下贝氏体，其上分布着细小而均匀的颗粒状碳化物。

（四）咬合抗力

零件成形时，模具表面由于两金属间原子相互扩散或单向扩散的作用，往往会有一些被加工金属黏附着，尤其是一些剪切模具和冲压模具的表面会产生黏附或结疤冷焊现象，这会影响刃口的锋利程度和局部组织，并引起局部化学成分的改变，使刃口部分崩裂或因黏附金属的脱落划伤模具，使工作表面粗糙。

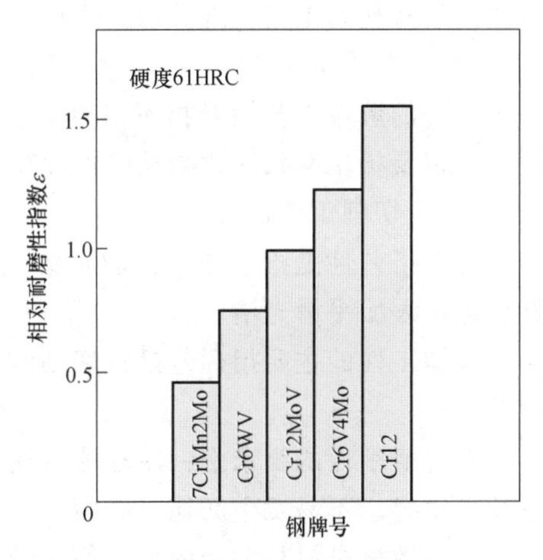

图 3-3　五种模具钢模拟冲裁试验其耐磨性

咬合抗力实际就是对发生“冷焊”的抵抗能力。通常在干摩擦条件下，把被试验模具钢的试样与具有咬合倾向的材料（如奥氏体钢）进行恒速对偶摩擦运动，以一定速度逐渐增大载荷时，转矩也相应增大。当载荷加大到某一临界数值时，转矩突然急剧增大，这意味着已发生咬合。这一载荷称为“咬合临界载荷”。临界载荷越高，标志着咬合抗力越强。几种模具钢及其表面强化工艺的咬合临界载荷见表 3-1。

表 3-1 几种模具钢及其表面强化工艺的咬合临界载荷

试样材料	W6Mo5Cr4V2	Cr12MoV	渗硫	离子渗氮	VC 渗层	TiC 渗层	硬质合金
咬合临界载荷/N	16	23	24	42	73	75	77

(五) 受热软化抗力

受热软化抗力反映了冷作模具钢在承载时的温升对硬度、变形抗力及耐磨性的影响。表征冷作模具钢受热软化抗力的指标主要有两项：软化温度和二次硬化硬度。前者为保持硬度58HRC 的最高回火温度值，它反映钢种在常规热处理状态下能保持模具常用工作硬度所允许的极限温升；后者反映该钢种经热处理后，能否接受表面强化处理（如渗氮、软氮化、离子渗氮等），对高强韧性钢种，不应低于 60HRC，对高承载能力的钢种，应达到 62HRC 以上的水平。几种冷作模具钢的受热软化抗力见表 3-2。

表 3-2 几种冷作模具钢的受热软化抗力

钢牌号	T10A	CrWMn	9SiCr	Cr6WV	Cr12	Cr12MoV	高速钢
受热软化温度/℃	250	280	320	280	480	520	620
二次硬化硬度 HRC	—	—	—	56	58	60	62

二、冷作模具材料的工艺性能要求

冷作模具材料的工艺性能，直接关系到模具的制造周期及制造成本，必须加以注意。对冷作模具材料的工艺性能要求，主要有锻造工艺性、切削工艺性、热处理工艺性等。

(一) 锻造工艺性

良好的锻造工艺性是指可锻性好，即热锻变形抗力低、塑性好，锻造温度范围宽，锻裂、冷裂及析出网状碳化物缺陷的倾向小。

(二) 切削工艺性

切削工艺性是指可加工性和可磨削性。对可加工性的要求是：切削用量大、刀具耗损低、加工表面平滑光洁。

可加工性的主要指标包括：切削试验指数（V_{60}等）、常规退火硬度值、相对可加工性指数等。

对可磨削性的要求是：砂轮相对耗损量小，无烧伤极限磨削用量大，对砂轮质量及冷却条件不敏感，不易发生磨伤、磨裂。

大多数模具材料的切削加工都比较困难，为了改善模具钢的可加工性，通常需要选择正确的热处理工艺；对于表面质量要求较高的模具，可以选择含有 S、Pb、Ca 等元素的易切削型模具钢。

(三) 热处理工艺性

热处理工艺性主要包括退火工艺性、淬透性、淬硬性、脱碳侵蚀敏感性、过热敏感性、淬裂敏感性、淬火变形倾向等。

(1) 退火工艺性 对退火工艺性的要求是：球化退火温度范围宽，退火硬度低而稳定（一般为 227~241HBW），形成片状组织倾向低。

(2) 淬透性 对淬透性的要求是：淬火后易于获得深透的硬化层，适应于用缓和的淬火剂冷却硬化。淬透性指标包括：淬透临界直径（D_C）、标准端淬深度（d）和临界淬火冷速（v_C）。

（3）淬硬性　对淬硬性的要求是：淬火后易获得高而均匀的表面硬度（一般为60HRC左右）。

（4）脱碳、侵蚀敏感性　对脱碳、侵蚀敏感性的要求是：高温加热时脱碳速度慢，抗氧化性能好，对淬火加热介质不敏感，生成麻点的倾向低。

（5）过热敏感性　对过热敏感性的要求是：获得细晶粒、隐晶马氏体的淬火温度范围宽。

（6）淬裂敏感性　对淬裂敏感性的要求是：常规淬火开裂敏感性低，对淬火温度及工件的尖角形状因素不敏感，缓慢冷却可淬硬。

（7）淬火变形倾向　对淬火变形倾向的要求是：常规淬火体积变化小，形状翘曲、畸变轻微，异常变形倾向低。淬火变形倾向指标包括：临界淬火冷速（v_C）、淬火体积变化率（ΔV）、不同流线取向试样的变形差异率（δ_C）和C形试样变形量（ΔC）。

三、冷作模具材料的内部冶金质量要求

具有优良的冶金质量才能充分发挥钢的基本特性，模具钢的内部冶金质量与其基本性能具有同等重要意义。冷作模具钢的内部冶金质量主要要求有化学成分的不均匀性、磷和硫的含量、钢中夹杂物、碳化物的不均匀性、疏松等。

（一）化学成分的不均匀性

模具钢通常是含有多种元素的合金钢，钢在锭模中从液态凝固时，由于选分结晶的缘故，钢液中各种元素在凝固的结构中分布不均匀而形成偏析，这种化学成分的偏析将造成组织和性能上的差异，它是影响钢材质量的重要因素之一。例如，奥地利伯乐钢厂曾对H13（4Cr5MoSiV1）钢进行试验研究，将钢中钼的偏析度由1.5降到1.1时，提高了直径为200~300mm钢材在硬度为45HRC时的横向塑性和韧性。近年来国外很多钢厂都在致力于研究生产成分均匀、组织细化的钢材。

（二）磷和硫的含量

钢中磷和硫在凝固过程中形成磷化物和硫化物在晶界沉淀，因而会产生晶间脆性，使钢的塑性降低，这样不仅会使钢锭锻轧时在偏析区产生裂纹，而且还降低了钢的力学性能。

（三）钢中夹杂物

钢中非金属夹杂物在某种意义上可以看成是一定尺寸的裂纹，它破坏了金属的连续性，引起应力集中。在外界应力作用下，裂纹延伸很容易发展扩大而导致模具失效。塑性夹杂物的存在，会随着锻轧过程延展变形，使钢材产生各向异性。同时夹杂物在抛光过程中剥落，会增大模具的表面粗糙度值。因此，对于大型和重要的模具来说，提高钢的纯净度是十分重要的。

（四）碳化物的不均匀性

碳化物是绝大多数模具钢的必需组分，除可溶于奥氏体的碳化物外，还会有部分不能溶于奥氏体的残余碳化物。这类碳化物的尺寸、形状和分布，是由凝固和热加工变形条件决定的。过共析钢的碳化物可能在晶界上形成网状碳化物或是在加工变形过程中碳化物被拉长而形成带状碳化物，或者两者都有。莱氏体钢的碳化物可能是二次碳化物，也可能是共晶碳化

物。在热变形过程中，网状共晶碳化物可以被破碎，碳化物颗粒首先沿变形方向延伸并产生带状，随着变形而逐渐均匀，但它与变形程度不成比例关系，即便是极大的变形比，也不能完全使得碳化物非常细小且均匀分布。碳化物的不均匀性对钢的力学性能（包括各向异性）影响很大。因此，模具钢必须具有较均匀的碳化物分布，如用过共析钢制造量块时，其碳化物分布必须均匀，应不高于2级，用于模具时不应高于3级，用莱氏体钢制造搓丝板、滚丝轮或挤压凸模时，则采用不高于3级的钢材。

（五）疏松

在钢材的横截面上都会存在通常由液态凝固时产生的疏松和偏析，因而降低了钢的强度和韧性，也严重影响了加工后的表面粗糙度。在一般模具中疏松的存在影响还不大，而在那些如冷轧辊、大型模块、凸模等模具就对它有特别的要求。如深型腔的锻模和凸模要求其疏松不超过1级或2级，而用于表盘冲压模具用钢，则要求其疏松不超过1级。

第二节　冷作模具材料及热处理

冷作模具钢是应用最为广泛的冷作模具材料，其品种繁多，按工艺性能和承载能力特征划分见表3-3；部分常用冷作模具钢的牌号及化学成分见表3-4。

表3-3　冷作模具钢按工艺性能和承载能力特征划分

类型	钢牌号
低淬透性冷作模具钢	T7A、T8A、T9A、T11A、T12A、8MnSi、Cr2、9Cr2、W、GCr15、V、CrW5
低变形冷作模具钢	9Mn2V、CrWMn、9CrWMn、9Mn2、MnCrWV、SiMnMo
高耐磨微变形冷作模具钢	Cr12、Cr12MoV、Cr12Mo1V1、Cr5Mo1V、Cr4W2MoV、Cr2Mn2SiWMoV、Cr6WV、Cr6W3Mo2.5V2.5
高强度高耐磨冷作模具钢	W18Cr4V、W6Mo5Cr4V2、W12Mo3Cr4V3N
高强韧冷作模具钢	6W6Mo5Cr4V、6Cr4W3Mo2VNb、7Cr7Mo2V2Si、7CrSiMnMoV、6CrNiMnSiMoV、8Cr2MnWMoVS
抗冲击冷作模具钢	4CrW2Si、5CrW2Si、6CrW2Si、9SiCr、60Si2Mn、5CrMnMo、5CrNiMo、5SiMnMoV
特殊用冷作模具钢	95Cr18、90Cr18MoV、Cr14Mo、Cr14Mo4、12Cr18Ni9、53Cr21Mn9Ni4N、7Mn15Cr2Al3V2WMo

表3-4　部分常用冷作模具钢的牌号及化学成分

牌号	化学成分(%)										
	w_C	w_{Si}	w_{Mn}	$w_P \leqslant$	$w_S \leqslant$	w_{Cr}	w_W	w_{Mo}	w_V	w_{Al}	w_{Co}
T10A	0.95~1.04	≤0.35	≤0.40	0.030	0.025	≤0.25					
9SiCr	0.85~0.95	1.20~1.60	0.30~0.60	0.030	0.030	0.95~1.25					
GCr15	0.95~1.05	0.15~0.35	0.25~0.45	0.025	0.025	1.40~1.65					

（续）

牌号	化学成分(%)										
	w_C	w_{Si}	w_{Mn}	$w_P \leqslant$	$w_S \leqslant$	w_{Cr}	w_W	w_{Mo}	w_V	w_{Al}	w_{Co}
60Si2Mn	0.56~0.64	1.50~2.00	0.60~0.90	0.035	0.035	≤0.35					
MnCrWV	0.95~1.05	≤0.40	1.00~1.30	0.030	0.030	0.40~0.70	0.40~0.70		0.15~0.30		
CrWMn	0.90~1.05	≤0.40	0.80~1.10	0.030	0.030	0.90~1.20	1.20~1.60				
9Mn2V	0.85~0.95	≤0.40	1.70~2.00	0.030	0.300				0.10~0.25		
Cr12	2.00~2.30	≤0.40	≤0.40	0.030	0.030	11.50~13.00					
Cr12MoV	1.40~1.60	≤0.60	≤0.60	0.030	0.030	11.50~13.00		0.70~1.20	≤1.10		≤1.00
6W6Mo5Cr4V2	0.55~0.65	≤0.40	≤0.60	0.030	0.030	3.70~4.30	6.00~7.00	4.50~5.50	0.70~1.10		
W18Cr4V	0.70~0.80	0.20~0.40	0.10~0.40	0.030	0.030	3.80~4.40	17.50~19.00	≥0.30	1.00~1.40		
7Mn15Cr2Al3V2WMo	0.65~0.75	≤0.80	14.50~16.50	0.030	0.030	2.00~2.50	0.50~0.80	0.50~0.80	1.50~2.00	2.30~3.30	

一、低淬透性冷作模具钢及热处理

常用的低淬透性冷作模具钢见表3-3。此类钢以水淬碳素工具钢T10A及通用水、油淬冷作模具钢Cr2、GCr15等为代表，其特点是合金元素含量少，回火抗力低，淬透性低，硬化层浅，承载能力低。此类钢的主要用途是各种中、小批量生产的冷冲模，以及需在薄壳硬化状态使用的整体式冷镦模、冲剪工具等。

（一）成分、组织特点

低淬透性冷作模具钢的 $w_C=0.7\%\sim1.7\%$，$w_{Me}\leqslant2\%$。T7A及T8A为亚共析钢及共析型珠光体钢，其余均为过共析钢。Cr2、GCr15及T12A对锻后冷却速度较敏感，易析出网状碳化物。

（二）淬透性水平

低淬透性冷作模具钢的淬透直径 D_C（油）为 $\phi5\sim\phi25$mm。除Cr2、GCr15、8MnSi、9Cr2钢制的小型模具可用油淬外，其他均以水溶液介质进行淬火。碳素工具钢及钒钢的硬化层厚度仅为1.5~3mm。

（三）强韧性水平

当模具的截面直径大于 $\phi30$mm 时，淬火后可形成薄壳淬硬层，表面具有良好的耐磨及抗压能力，并有高达500~1000MPa的压应力，因而具有较高的疲劳抗力和脆断抗力。但由于硬化层太浅，总体来看，其抗压水平较低。

低淬透性冷作模具钢的热处理规范见表3-5。

表3-5　低淬透性冷作模具钢的热处理规范

钢牌号	淬火规范				回火规范	
	预热温度/℃	加热温度/℃	淬火后硬度HRC	淬火介质	回火温度/℃	回火后硬度HRC
T7A	400~500	780~820	59~62	水或油	160~180	57~60
T8A	400~500	780~820	60~63	水或油	160~180	58~61
T10A	400~500	760~810	61~64	水或油	160~180	59~62
T11A	400~500	760~810	61~64	水或油	160~180	59~62
T12A	400~650	760~810	61~64	水或油	160~180	59~62
8MnSi	400~650	800~820	≥60	油	200~300	60~63
Cr2	400~650	830~850	62~65	油	130~150	63~65
9Cr2	400~650	820~850	62~63	油	160~180	59~61
Cr06	400~650	780~800	62~65	油	120~140	62~65
W	400~650	800~820	62~64	水	150~180	59~61
GCr15	400~650	810~850	62~65	油	180~200	≥61
V	400~650	780~820	≥62	水	160~180	59~61
CrW5	400~650	830~850	63~65	油	180~200	64~65

二、低变形冷作模具钢及热处理

低变形冷作模具钢的基本优点是具有较好的淬硬性（61~64HRC）和淬透性，ϕ60~ϕ120mm的工件能在油或硝盐中淬硬，淬火操作简便，淬裂、变形倾向低，易于控制。

低变形冷作模具钢经淬火及低温回火后含有8%~15%的残留奥氏体和5%~10%的碳化物。残留奥氏体在250℃左右回火后分解，使体积膨胀，并加剧低温回火脆性。

在低变形冷作模具钢中，以MnCrWV钢为各国趋向于通用的综合性能优良的代表性钢种，应大力推广。CrWMn钢在我国应用较广，但对形成网状碳化物比较敏感，这种网状碳化物的存在，会使模具刃部产生脆断倾向，国内外均趋于缩减其应用范围。9CrWMn钢，在美、英等国的应用最为普及，我国经一些工厂长期使用，也有较好的效果。9Mn2V钢为西欧、捷克等国普遍使用的冷冲模钢种，我国引进后，已广为使用。9Mn2V钢在美国广泛用于小型塑料模。SiMnMo钢目前仅美国列为标准钢牌号，由于其具有优良的抗咬合性能和耐磨性，欧、美等国已有多家特殊钢厂将其列为基本钢牌号，有普及的趋势，我国已列为推荐用钢，使用者尚不多。

（一）锰铬钨系钢（MnCrWV、CrWMn、9CrWMn）的特性

锰铬钨系冷作模具钢的w_{Mn}=0.8%~1.3%，而C、Cr、W、V的含量不同，决定了性能的差别。向钢中加入微量的钒元素，能抑制网状碳化物，增加淬透性，降低过热敏感性，使MnCrWV钢的晶粒度比同系钢提高一级。MnCrWV在本钢组中具有高的淬透性，ϕ40~ϕ60mm的工件可在油淬后穿透硬化。MnCrWV、CrWMn、T10A钢的淬硬层分布曲线如

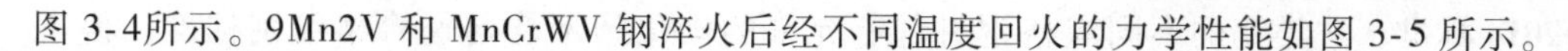

图 3-4所示。9Mn2V 和 MnCrWV 钢淬火后经不同温度回火的力学性能如图 3-5 所示。

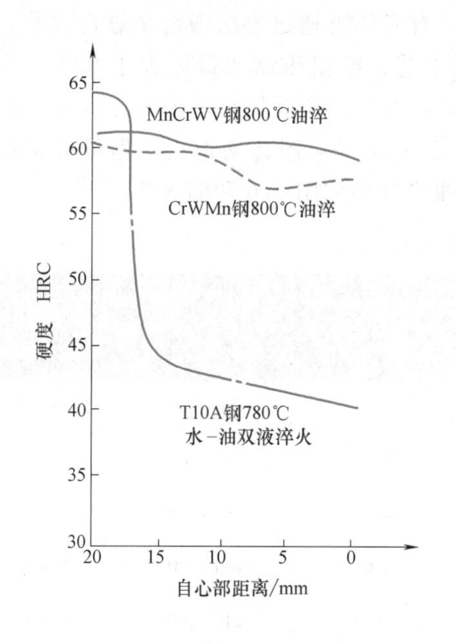

图 3-4 MnCrWV、CrWMn、T10A 钢的淬硬层分布曲线（试样 ϕ40mm×40mm）

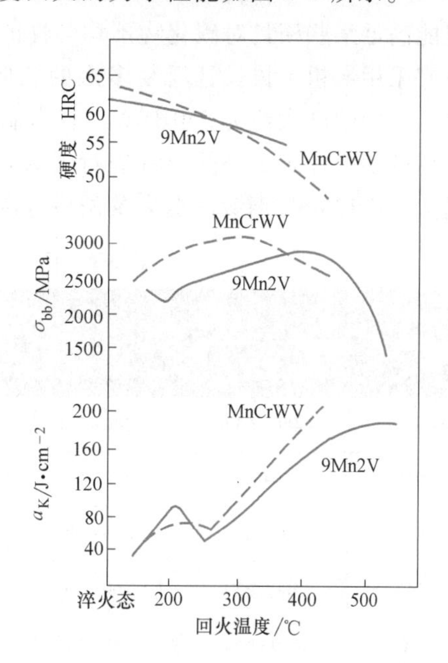

图 3-5 9Mn2V 和 MnCrWV 钢淬火后经不同温度回火的力学性能

CrWMn 钢淬透性的特点是波动范围大，这一现象与退火中碳化物的稳定化有关。CrWMn 钢临界淬透直径 D_C（油）通常为 ϕ30～ϕ50mm。

Mn-Cr-W 系低变形冷作模具钢广泛用于加工薄钢板、非铁金属板的形状复杂的冷冲模材料，特别是在钟表、仪器、玩具、食品工业等以轻型冷冲压为主的工厂中，应用尤为广泛。但对于冲制奥氏体钢、硅钢片、高强度钢板时，使用效果较差。

（二）锰 2 系钢（9Mn2V、9Mn2）的特性

锰 2 系钢不含铬和钨，价格较低，碳化物分布均匀，冷加工性能好，热处理工艺性好，不易淬裂、变形，但在淬透性、淬硬性、回火抗力、强度、回火脆性、磨裂倾向等方面不如 Mn-Cr-W 系钢。9Mn2V 钢淬火经不同温度回火的力学性能如图 3-5 所示。

9Mn2V 钢含有 0.2%的钒（质量分数），能抑制过热敏感性及网状碳化物的析出，冶金质量易于保证，碳化物细小。9Mn2V 钢是制造冲裁模的主要钢种之一。

低变形冷作模具钢的热处理规范见表 3-6。

三、高耐磨微变形冷作模具钢及热处理

本组钢的共同特点是高淬透性、微变形、高耐磨性、高热稳定性（Cr2Mn2SiWMoV 钢除外）、高的抗压强度（仅次于高速钢），是制造冷冲裁模、冷镦模、螺纹搓丝板的主要材料，其消耗量在冷作模具钢中居于首位。

在该类钢中，应用尤为广泛的是 Cr12 系列钢。这些钢都是莱氏体钢，铸态时存在鱼骨状共晶碳化物，这种碳化物随着钢锭凝固速度缓慢和锭形尺寸增大而加剧。虽然在锻轧生产中鱼骨状共晶碳化物被破碎，但在钢中还存在不均匀分布或存在纤维方向性。按 GB/T

1299—2014 标准，这类钢的不同规格钢材都有允许的碳化物不均匀性合格级别标准，但不一定能满足某些模具对碳化物不均匀性的特殊要求，有时仍需通过再次锻造来进行改善，此时最好采用镦粗→拔长且反复多次的三向锻造变形工艺，镦粗压缩比最好大于 50%。本组钢锻造后的硬度大约为 550HBW，在室温下长期停留会发生开裂而报废。为消除内应力和便于以后的切削加工，必须及时进行退火。Cr12 系钢退火时可采用普通退火，但最好采用等温退火。Cr12MoV 钢锻后退火及锻后等温退火工艺曲线分别如图 3-6 和图 3-7 所示。

表 3-6　低变形冷作模具钢的热处理规范

钢牌号	淬火工艺				回火工艺	
	预热温度/℃	加热温度/℃	淬火介质	硬度　HRC	回火温度/℃	硬度　HRC
9Mn2V	400~650	780~820	油	≥62	150~200	60~62
CrWMn	400~650	820~850	油	62~65	140~160	62~65
9CrWMn	600~650	820~840	油	64~66	180~230	60~62
9Mn2	400~650	760~780	水	≥62	130~170	60~62
MnCrWV	400~650	780~820	油	≥62	240~260	62~64
SiMnMo	600~650	780~820	油	63~65	150~300	58~62

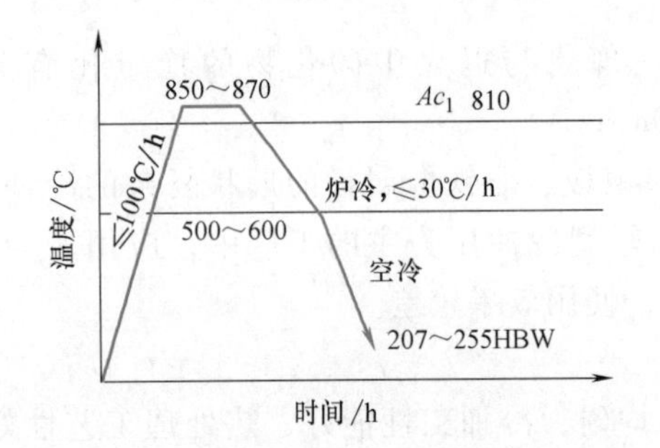

图 3-6　Cr12MoV 钢锻后退火工艺曲线

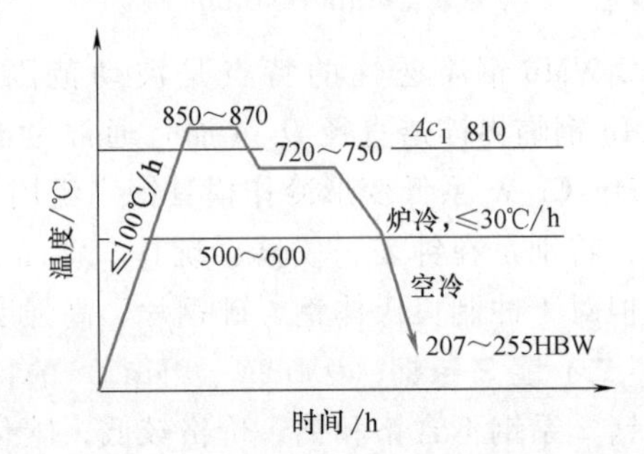

图 3-7　Cr12MoV 钢锻后等温退火工艺曲线

本组钢淬火状态下含有大量未溶碳化物和残留奥氏体。可以通过不同的淬火加热温度，在较大范围内改变 *Ms* 点的位置，来改变残留奥氏体的含量，如图 3-8 和图 3-9 所示，因而这类钢淬火变形因淬火加热温度的不同而不同。由于钢中碳化物分布的不均匀性，导致其淬火变形与淬火温度有关，而碳化物条纹的方向性，会使淬火变形产生各向异性，如图 3-10 所示。这类钢回火后的硬度及残留奥氏体量与回火温度和淬火加热温度有关，如图 3-11 所示。

由图 3-11 可见，高温淬火（1130℃）后的回火，在约 520℃出现二次硬化峰，可获得较高的硬度及抗压强度，但韧性太差。低温淬火后进行低温回火，可获得高的硬度及较高的韧性，但抗压强度较低，一般认为 Cr12MoV 钢采用中温淬火（1030℃）及中温回火（400℃）可获得最好的强韧性。Cr12MoV 钢在 1025℃淬火后不同回火温度和时间对硬度、强度和韧性的影响如图 3-12 所示。高耐磨微变形冷作模具钢的热处理规范见表 3-7。

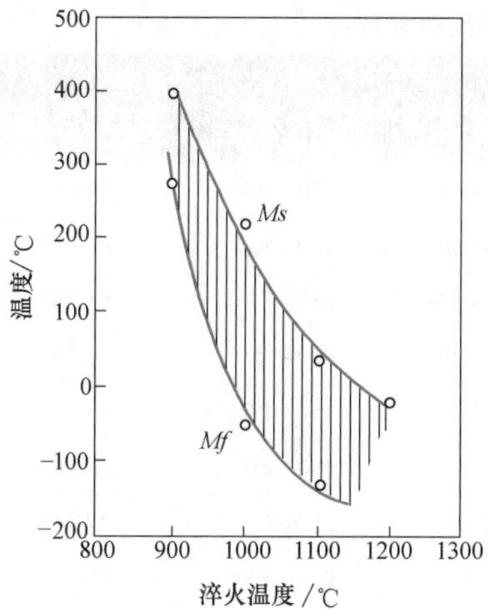

图 3-8 Cr12MoV 钢马氏体转变图

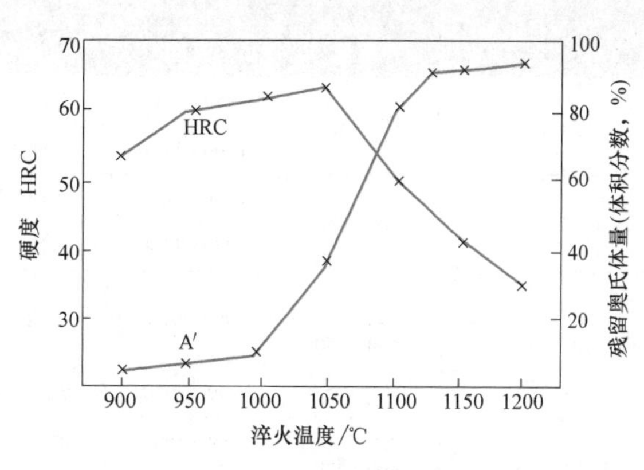

图 3-9 Cr12MoV 钢硬度及残留奥氏体量与淬火温度的关系

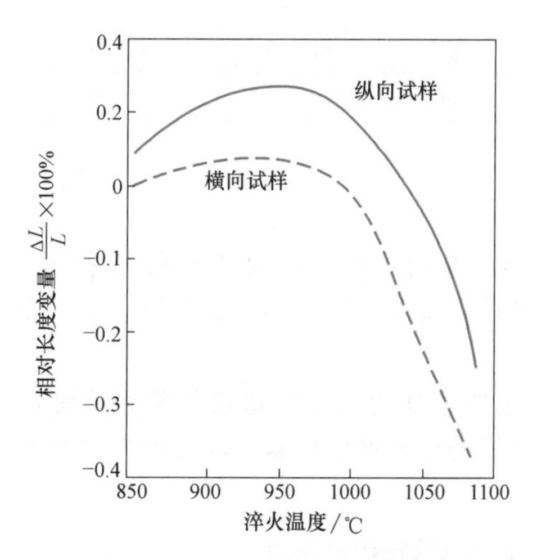

图 3-10 Cr12MoV 钢试样长度的相对变量与碳化物条纹方向及淬火温度的关系

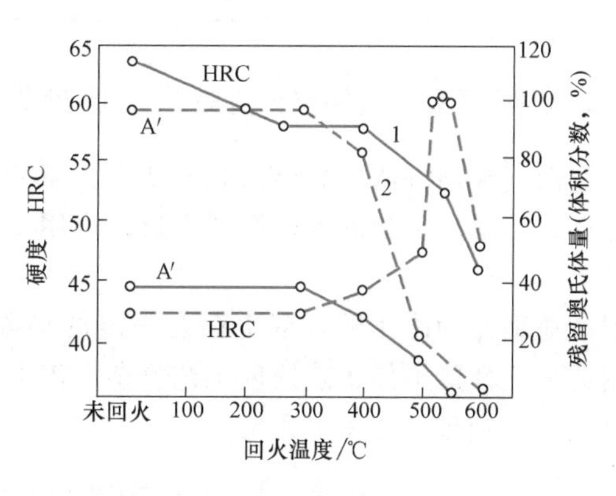

图 3-11 Cr12MoV 钢硬度及残留奥氏体量与回火温度的关系
1—950℃淬火 2—1130℃淬火

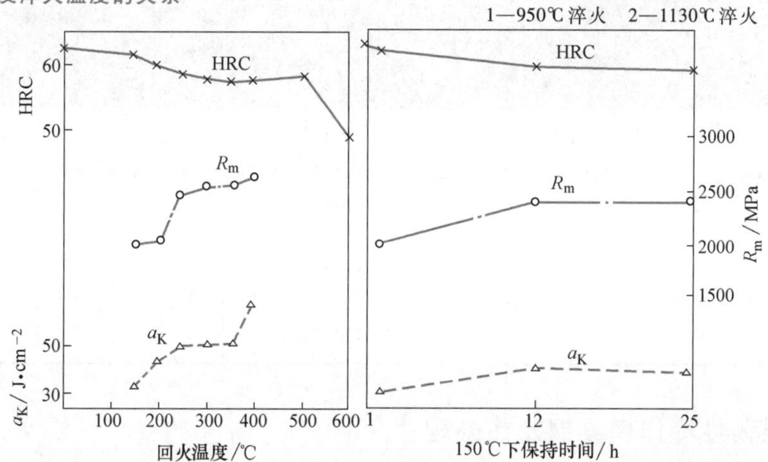

图 3-12 Cr12MoV 钢在 1025℃淬火后不同回火温度和时间对硬度、强度和韧性的影响

表3-7 高耐磨微变形冷作模具钢的热处理规范

钢牌号	淬火工艺				回火工艺	
	预热温度/℃	加热温度/℃	淬火介质	硬度 HRC	回火温度/℃	硬度 HRC
Cr12	800~850	950~980	油	61~64	150~200	50~62
		1000~1100	油	60~40	480~500	60~63
Cr12MoV	800~850	1000~1020	油	62~64	150~170	61~63
		1040~1140	油	60~40	500~550	60~61
Cr6WV	800~850	950~970	油	62~64	150~170	62~63
					190~210	58~60
		990~1010	硝盐或碱	62~64	500	57~58
Cr4W2MoV	800~850	960~980	油或空	≥62	280~300	60~62
		1020~1040	油或空	≥62	500~540	60~62
Cr2Mn2SiWMoV	800~850	850~870	空冷	≥62	180~200	62~64
		830~850	油或空	≥62	180~200	62~64
Cr6W3Mo2.5V2.5	800~850	1100~1160	油	≥60	520~560	64~66

四、高强度高耐磨冷作模具钢及热处理

高速钢（W18Cr4V、W6Mo5Cr4V2等）具有高强度、高抗压性、高耐磨性和高热稳定性等特点，广泛用于制造各种切削刃具，也用于制造各种高负荷冷作模具，如冷挤压模、冷冲裁模等。

但高速钢作为冷作模具钢也存在一定的局限性，主要表现为合金元素消耗量大，价格贵，制造工艺性能不佳，热处理工艺复杂，淬火、回火后的变形难以控制。高强度高耐磨冷作模具钢的热处理规范见表3-8。

表3-8 高强度高耐磨冷作模具钢的热处理规范

钢牌号	淬火工艺									回火工艺				
	第一次预热		第二次预热		淬火加热			冷却介质	硬度HRC	温度/℃	时间/h	次数	冷却	硬度HRC
	温度/℃	时间/h	温度/℃	时间/(s/mm)	介质	温度/℃	时间/(s/mm)							
W18Cr4V	400	1	850	24	盐炉	1260~1280	15~20	油	≥63	560	1	3	空	63~66
W6Mo5Cr4V2	400	1	850	24	盐炉	1150~1200	20	油	≥63	550	1	3	空	63~66

五、高强韧性冷作模具钢及热处理

长期以来，重载冷镦模、冷挤压模均采用高速钢或高碳高铬钢制造。由于这些钢的韧性

较低，模具的早期脆断失效严重，使用寿命不高。近年来，国内外研制开发了多种高强韧性冷作模具钢，其强度、韧性、冲击疲劳断裂抗力，均优于高速钢或高碳高铬钢，而抗压性及耐磨性稍逊于前者，使用寿命较高速钢、高碳高铬钢大为提高。

（一）降碳高速钢（6W6Mo5Cr4V）的特性

6W6Mo5Cr4V 钢属于降碳减钒型钨钼系高速钢。与 W6Mo5Cr4V2 钢相比，碳含量降低 20%（质量分数），钒含量降低 50%（质量分数），使用效果良好，已定型列入我国合金工具钢标准，是我国目前较成熟的一种高强韧性、高承载能力的冷作模具钢。

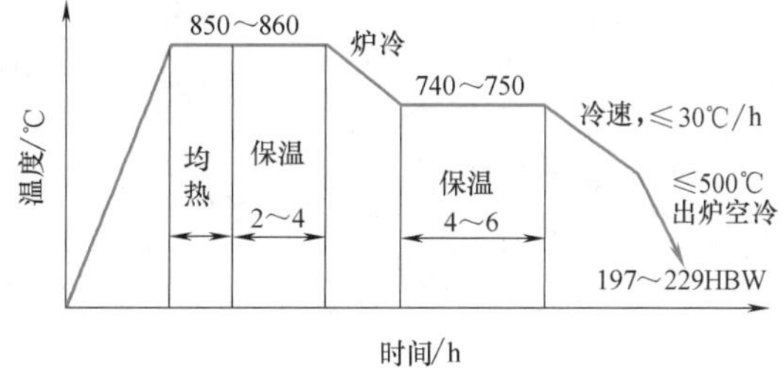

图 3-13　6W6Mo5Cr4V 钢锻后等温退火工艺曲线

6W6Mo5Cr4V 钢，由于适当地减少了碳与钒的含量，降低了 MC 型碳化物和碳化物的总含量，改善了碳化物分布的均匀性，使共晶碳化物不均匀度降低 1~2 级，淬火硬化状态的抗弯强度与塑性提高 30%~50%，冲击韧度提高 50%~100%，仍保持了良好的二次硬化能力和热稳定性，560~580℃ 回火后硬度为 60~63HRC。

此钢的锻造温度范围较窄，钢材始锻温度低于 1100℃，仍需按莱氏体钢的锻造操作要领进行深透锻造，并控制流线方向。退火易软化，硬度低于 229HBW，可加工性较好。

6W6Mo5Cr4V 钢锻后退火时可采用普通退火或等温退火。6W6Mo5Cr4V 钢锻后等温退火工艺曲线如图 3-13 所示。

6W6Mo5Cr4V 钢的过冷奥氏体等温转变曲线如图 3-14 所示，淬火加热温度上限为 1180~1200℃（晶粒度 10~11 级），经 560~580℃ 三次回火后，硬度为 60~63HRC。不同淬火温度对力学性能的影响如图 3-15 所示；不同温度回火对力学性能的影响如图 3-16 所示。回火时的强度峰值位于 560~580℃ 区间，但冲击韧度呈现谷值。

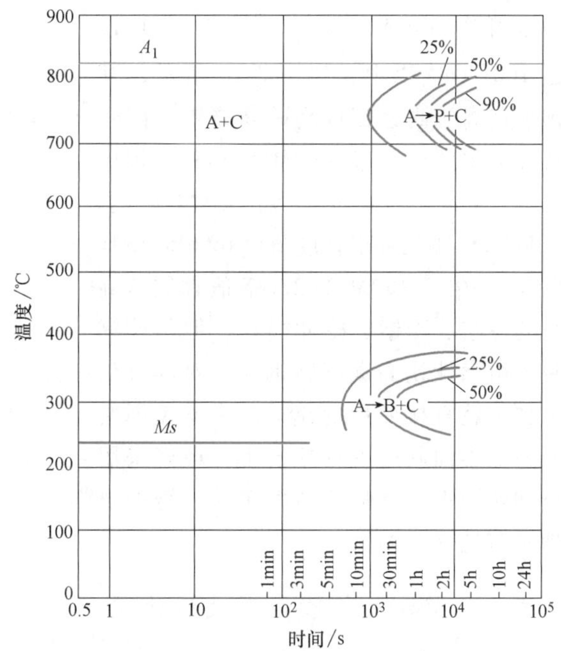

图 3-14　6W6Mo5Cr4V 钢的过冷奥氏体等温转变曲线（奥氏体化温度 1200℃，晶粒度 10~11 级）

6W6Mo5Cr4V 钢主要用于取代高速钢或高碳高铬钢制作易于脆断或劈裂的冷挤压凸模或冷镦凸模，可成倍提高模具的使用寿命，用于大规格的圆钢下料剪刃，能提高寿命数十倍。

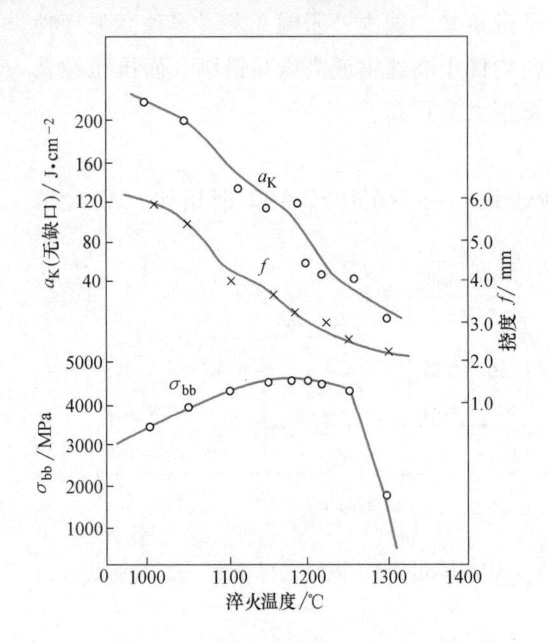

图 3-15　不同淬火温度对力学性能的影响（淬火后经 560℃三次回火）

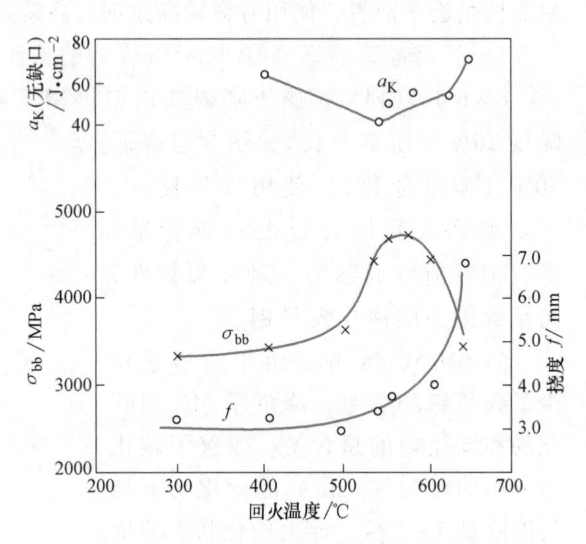

图 3-16　不同温度回火对力学性能的影响（1200℃淬火后回火）

（二）7Cr7Mo2V2Si 钢的特性

7Cr7Mo2V2Si 钢经适当热处理后的抗弯强度可达 5000MPa 以上，冲击韧度 a_K 值达 100J/cm^2 以上，如图 3-17 所示，其强韧性远高于高速钢或高碳高铬钢，同时具有高的耐磨性。与 6W6Mo5Cr4V 钢相比较，在抗弯强度均达到 5000MPa 时，7Cr7Mo2V2Si 钢的冲击韧度值比 6W6Mo5Cr4V 钢高出近一倍。7Cr7Mo2V2Si 钢适宜制造高负荷的冷挤、冷镦、冷冲模具。但是此钢的脱碳敏感性比高碳高铬钢大，对淬火后不再加工就直接使用的模具，为避免因脱碳而降低表面硬度的现象发生，最好采用真空加热淬火。高强韧性冷作模具钢的热处理规范见表 3-9。

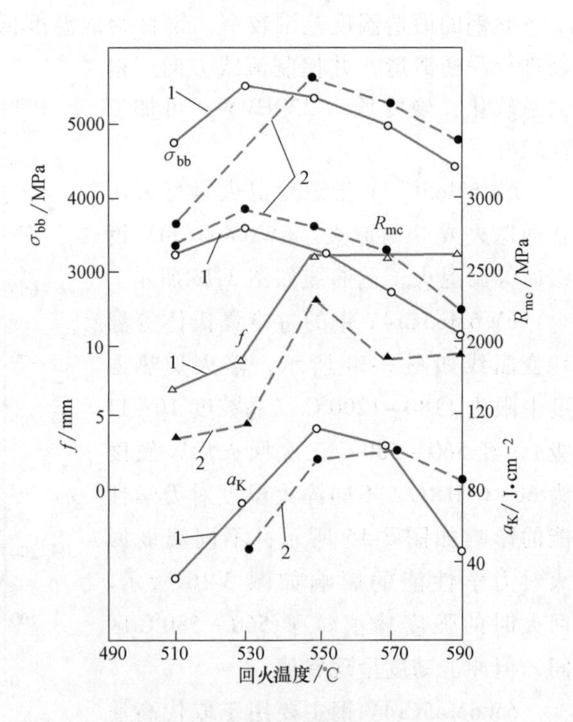

图 3-17　7Cr7Mo2V2Si 钢经 1100℃及 1150℃油淬后不同回火温度对力学性能的影响（1150℃淬火时，回火三次每次 1h）

1—1100℃油淬　2—1150℃油淬

六、抗冲击冷作模具钢及热处理

本组钢的共同特点是过剩碳化物少，组织均匀，由于多元合金的固溶强化和回火碳化物的弥散强化，使其具有高强度、高韧性、高冲击疲劳抗力，主要用于风动

表 3-9 高强韧性冷作模具钢的热处理规范

钢牌号	淬火工艺			回火工艺	
	加热温度/℃	冷却介质	硬度 HRC	回火温度/℃	硬度 HRC
6W6Mo5Cr4V	1180~1200	油	>60	500~580	60~63
6Cr4W3Mo2VNb	1080~1180	油	≥60	520~580	59~62
7Cr7Mo2V2Si	1100~1150	油	60~61	530~570	57~63
7CrSiMnMoV	900~920	油	≥60	220~260	56~60
6CrNiMnSiMoV	870~930	油	>60	180~270	57~62
8Cr2MnWMoVS	850~900	空	>60	250~500	45~58

工具、冲剪工具和大中型冷镦模、精压模等。本组钢的弱点是抗压能力低，热稳定性差，淬火变形难以控制。

本组钢中 60Si2Mn 钢为普及型弹簧钢，早期应用于风铲、冲击钻探工具等，显示出优良的使用性能，如用于清理铸钢件的 60Si2Mn 钢风铲，刃磨后可连续使用一个班次，而在相同时间内，T8 钢风铲需刃磨 8~10 次，国外早已将其纳入抗冲击工具钢（相当于美国的 S4 型）标准系列之中，现已成为标准件冷镦凸模的基本钢牌号。

我国标准件行业为寻找内六角圆柱头螺钉冷镦凸模用钢（以克服早期断裂失效），曾先后试用过如 Cr12、9SiCr、GCr15、Cr6WV、3Cr2W8V 钢渗碳、W6Mo5Cr4V2 等钢种，均未获得稳定的结果，最后采用 60Si2Mn 钢，平均寿命达到 5000~7000 次的较好水平。

60Si2Mn 钢在 300℃ 及 400℃ 回火状态下，以亚温淬火（800~820℃）对强韧性最为有利。但有人指出，在 950℃ 淬火、370℃ 回火后，也可获得很高的强韧性。油淬的淬透直径为 $\phi25 \sim \phi30$mm。油淬的凸模不如用碱水溶液及新型水基淬火剂淬火者的寿命高。

60Si2Mn 钢的回火抗力较好，在 300~350℃ 回火后硬度为 57HRC，抗拉强度达到 1900MPa，400℃ 回火后硬度为 48~52HRC，并具有高的强韧性，可用于模具的辅助部件（如预应力套等）。为了获得较高硬度，通常采用 200~280℃ 回火，近来也有采用 120℃ 回火 16h（称为低温时效处理）来取代传统的回火工艺。总之，此钢的热处理工艺规范尚有探讨的余地。

60Si2Mn 钢有明显的脱碳倾向。即使轻微脱碳，对耐磨性、疲劳抗力均有明显损害。60Si2Mn 钢主要用于内、外六角圆柱头螺钉成形冷镦凸模、硬质合金凹模预应力套（48~52HRC），并可应用于小型冲剪工具和各种风动工具及中、厚钢板穿孔凸模等。由于受到淬透性及耐磨性水平的限制，以小型凸模为主。抗冲击冷作模具钢的热处理规范见表 3-10。

七、特殊冷作模具钢及热处理

在特殊冷作模具钢系列中，95Cr18、90Cr18MoV、Cr14Mo、Cr14Mo4 等为耐蚀模具钢，12Cr18Ni9、53Cr21Mn9Ni4N、7Mn15Cr2Al3V2WMo 等为无磁模具钢。

耐蚀钢制作的模具，除了应具有冷作模具钢的一般使用性能外，还要求具备良好的耐蚀性。为了保证钢的耐蚀性，其马氏体组织必须含有 12%左右的铬（质量分数），同时为了保持钢的高硬度和高耐磨性，钢中碳含量又不能低，所以国内外常用高碳高铬型马氏体不锈钢制造耐蚀模具。这类钢的锻造加热温度一般为 1100~1130℃，始锻温度为 1050~1080℃，终锻

表3-10 抗冲击冷作模具钢的热处理规范

钢牌号	淬火工艺			回火工艺	
	加热温度/℃	冷却介质	硬度 HRC	回火温度/℃	硬度 HRC
60Si2Mn	800~820	油	60~62	200~280	57~60
				380~400	49~52
4CrW2Si	860~900	油	≥53	200~250	53~58
				430~470	45~50
5CrW2Si	860~900	油	≥55	200~250	53~58
				430~470	45~50
6CrW2Si	840~860	油	≥57	200~250	53~58
				430~470	45~50
9SiCr	840~860	油	62~64	200~250	58~61
				280~320	56~58
				350~400	54~56

温度为850~900℃，锻后进行砂冷或灰冷。软化退火温度为800~840℃，保温后炉冷至≤500℃出炉空冷。退火后硬度一般为197~255HBW。这类钢的淬火温度一般为1050~1100℃，保温后油冷，回火温度为160~260℃。例如，95Cr18钢的典型热处理工艺为：850~870℃预热，1050~1100℃淬火（油冷），-75~-80℃冷处理1~1.5h，160~260℃低温回火3h，130~140℃附加回火10~15h。

无磁模具钢除了应具有冷作模具钢的使用性能外，还要求在磁场中使用时不被磁化。因此钢材在使用条件下应具有稳定的奥氏体组织。常用的材料有奥氏体不锈钢和奥氏体耐热钢等。

新型无磁模具钢7Mn15Cr2Al3V2WMo属于高锰奥氏体钢，其热处理加工工艺规范为：锻造加热温度1140~1160℃，始锻温度1080~1100℃，终锻温度≥900℃，锻后空冷，硬度为34~35HRC。高温退火工艺为：加热温度870~890℃、保温3~6h，炉冷至500℃出炉空冷，硬度为28~32HRC。固溶处理温度为1150~1180℃，盐浴炉保温15~20h、空气炉保温30h、水冷，固溶后硬度为20~22HRC。时效处理温度为700℃、保温2h、空冷，时效硬度为48.5HRC。

八、硬质合金模具材料及热处理

硬质合金模具材料主要有普通硬质合金（简称硬质合金）和钢结硬质合金两类。

硬质合金具有高的耐磨性和热硬性，高的抗压强度，其耐磨性比高速钢高15~20倍，常用于制造高效率、高精度的模具，如冲裁模、冷镦模、热挤压模等，特别是用于制造多工位级进模的凸凹模部分。但由于硬质合金的冲击韧度低，制造工艺性能不佳，成本高，致使其应用受到限制。

钢结硬质合金是20世纪50年代国际上开始发展起来的一种新型模具材料。20世纪60年代中期，我国试制成功，随即得到迅速发展与应用。钢结硬质合金是以钢为黏结相，以碳化物（主要是碳化钛、碳化钨）为硬质相，用粉末冶金方法生产出来的复合材料。其微观组织是细小的硬质相弥散均匀地分布于钢的基体中。作为黏结相的钢基体，可以分为碳素钢、模具钢、不锈钢、高锰钢、高温合金和特种合金等。由于黏结相的钢种不同，赋予了钢结硬质合金一系列不同的性能，如高强度、抗冲击、耐磨损、耐高温、耐腐蚀、抗热震、磁性和非磁性等。

钢结硬质合金是介于钢和硬质合金之间的边缘材料，具有以下优异的特性。

（1）工艺性能好　具有可加工性和可热处理性，是一种可加工、可热处理的特种硬质合金。在退火状态下可以采用普通切削加工设备和刀具进行车、铣、刨、钻等机械加工。可以锻造和焊接。与硬质合金相比，可以显著地降低生产成本，且具有更大的适用范围。

（2）良好的物理、力学性能　钢结硬质合金在淬硬状态下，具有很高的硬度。由于含有大量弥散分布的高硬度硬质相，其耐磨性与高钴硬质合金相近。与高合金模具钢相比，具有高的耐磨性和抗压强度；与硬质合金相比则有较好的韧性。因此，钢结硬质合金具有良好的综合力学性能。

钢结硬质合金还具有较高的比强度、较低的密度（TiC 系）、良好的自润滑性和较低的摩擦系数、优良的化学稳定性、与钢相近的热膨胀系数等一系列优良的特性。钢结硬质合金兼具有钢和硬质合金的特性，作为新型模具材料广泛应用于各种冷作模具，如冷镦模、冷冲压模、冷挤压模、拉深模、剪裁模、压印模、滚压工具等。同时，钢结硬质合金也应用于部分热作模具，如热挤压模、热冲模、压铸模等。当选用适当时，其使用寿命一般可比模具钢提高几倍到几十倍，有时甚至可以接近用普通硬质合金制造的模具。

用于制造模具的钢结硬质合金，其硬质相主要是碳化钛或碳化钨，钢的基体主要是含铬、钼的中、高碳合金工具钢或高速钢。我国生产的模具用钢结硬质合金的化学成分见表 3-11，其热处理规范见表 3-12。

表 3-11　模具用钢结硬质合金的化学成分（%）

牌号	w_{TiC}	w_{WC}	w_C	w_{Cr}	w_{Mo}	w_V	w_W	w_{Fe}
GT35	35		0.5	2.0	2.0			余量
R5	35~40		0.60~0.8	6.0~13.0	0.3/0.5	0.1/0.5		余量
TLMW50		50	0.5	1.25	1.25			余量
GW50		50	0.6	0.55	0.15			余量
GJW50		50	0.25	0.50	0.25			余量
D1	25~40		0.4~0.8	2~4		0.5~1.0	10~15	余量
T1	25~40		0.6~0.9	2~5	2~5	1.0~2.0	3~6	余量

表 3-12　模具用钢结硬质合金的热处理规范

牌号	退火温度/℃	淬火温度/℃	保温时间 /(min/mm)	冷却介质	淬火硬度　HRC
GT35	790±10	960~980	0.5	油	69~72
R5	830±10	1000~1050	0.6	油或空气	70~73
T1	830±10	1220~1240	0.3~0.4	560℃盐浴油冷	72~74
D1	830±10	1220~1240	0.6~0.7	560℃盐浴油冷	72~74
TLMW50	810±10	1030~1050	0.5~0.7	油	68
GW50	800±10	1050~1100	2~3	油	68~72
GJW50	810±10	1020~1040	0.5~1.0	油	68~72

钢结硬质合金的回火温度，应根据牌号和用途不同进行确定。T1、D1钢结硬质合金，可按照一般高速钢回火工艺条件，在550~510℃回火三次。对于GT35钢结硬质合金，当要求高耐磨性时，可采用低温回火；当在冲击载荷下工作时，可采用高温回火，以提高其韧性。

第三节 冷作模具材料及热处理工艺的选用实例

一、螺母冲孔模及热处理

螺母冲孔模如图3-18所示，模具材料为60Si2Mn，硬度要求58~60HRC，它是冷镦螺母生产的第四道工序。使用中承受强烈的冲击、压缩、弯曲和摩擦，脱模时又承受拉应力，因此要求模具具有高的韧性、抗弯强度和耐磨性，否则会产生折断、崩刃、镦粗和成形部位软塌。该模具的原热处理工艺曲线如图3-19a所示，淬火后硬度符合技术要求，但在使用中成形部位过早软塌、镦粗和弯曲，分析其原因是心部未淬透，存在铁素体组织，导致冲模的强度降低。要提高其强度，必须提高淬火温度，使未溶的铁素体转变为奥氏体。改进后按图3-19b所示的热处理工艺曲线进行热处理，淬火温度提高到950℃，*Ms*点也相应提高，有利于形成板条状马氏体，同时促进奥氏体均匀化和残余碳化物的溶解，减少了因局部高碳而形成孪晶马氏体的可能性。螺母冲孔模由于提高了淬火温度，使断裂韧度、抗压强度和耐磨性达到了较好状态，使用寿命比原工艺提高2~3倍。

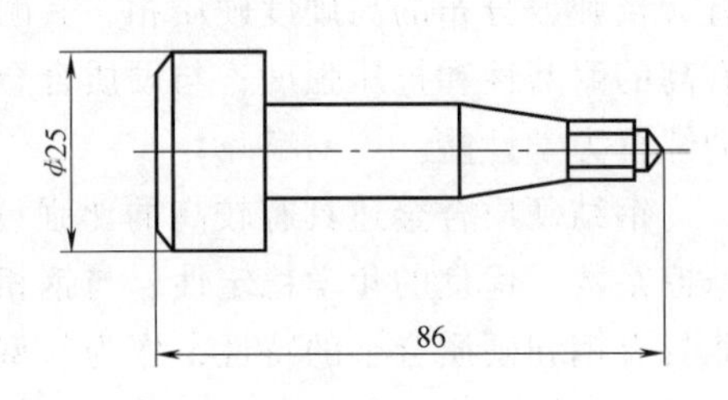

图3-18 螺母冲孔模

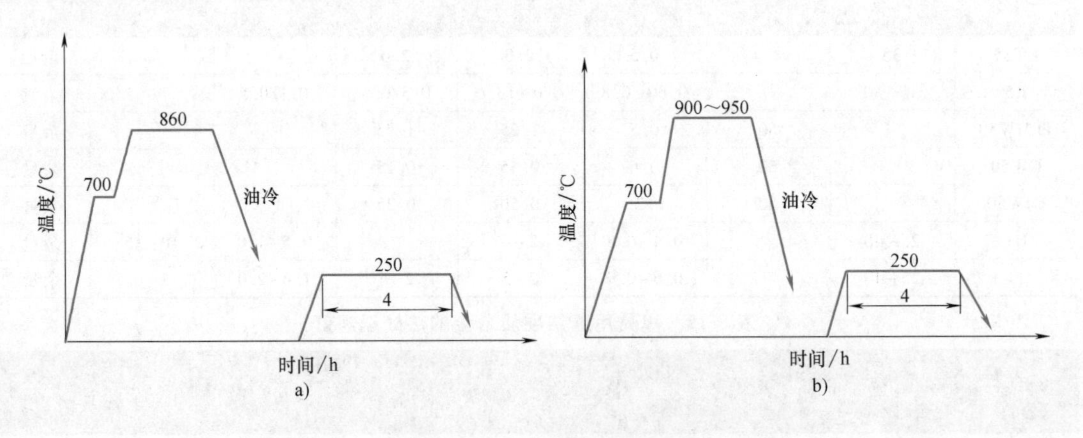

图3-19 螺母冲孔模改进前后的热处理工艺曲线

a）改进前的模具热处理工艺 b）改进后的模具热处理工艺

二、冷挤压凸模及热处理

冷挤压凸模如图3-20a所示，该模具是用作挤压黄铜的模具，材料选用Cr12MoV钢，其硬度要求为62~64HRC。采用常规工艺方法进行960~980℃加热油淬，其硬度为60~

62HRC。在使用中发现，凸模常发生脱帽式断裂，主要原因是韧性不足。现采用图 3-20b 所示热处理工艺曲线进行分级淬火，对其工艺可做如下分析：

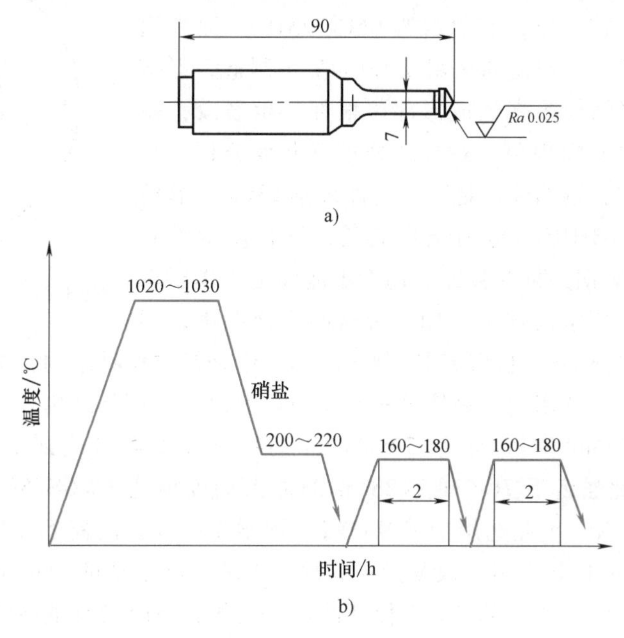

图 3-20 冷挤压凸模及其热处理工艺曲线
a）冷挤压凸模 b）热处理工艺曲线

冷挤压凸模若采用高温淬火，在加热时随淬火温度的升高，合金碳化物不断溶入奥氏体，从而获得含碳和合金元素含量较高的马氏体及大量的残留奥氏体，通过高温回火可获得较高硬度及抗压强度。另一方面，随着淬火温度的升高，奥氏体晶粒不断粗化，导致材料性能下降，尤其是韧性的下降更为显著，因此淬火加热温度必须很好地选定。由于该冷挤压凸模是细长型，为提高其韧性应选用低温淬火。但低温淬火后，钢的抗压强度降低，不能用于高挤压负荷的凸模，耐磨性下降，会引起黏模，造成脱模困难。模具淬火后存在显微裂纹、各种金属缺陷和加工刀痕等，易造成表面应力集中，这些缺陷均是模具开裂的裂纹源。尤其是冷挤压凸模，其工作部位比整个毛坯料小得多，工作部位正好是带状碳化物偏析的部位，易导致韧性不足。虽然采用细化碳化物的锻造工艺，也不可能完全奏效。综合以上情况，采用分级淬火热处理工艺，既能减少显微裂纹，又可使模具抗裂纹扩展能力加强。实践证明，采用上述工艺后，由于热处理韧性不足引起的折断概率有明显降低。

三、采用线切割加工成形凹模及热处理

采用线切割加工成形的凹模一般选用淬透性高的钢材，以保证淬火后整块钢材性能均匀一致，而且热处理后的内应力处于最小状态。内应力越小，线切割变形和开裂的可能性越小，因而常采用分级淬火和多次回火或高温回火的方法。图 3-21 所示工件为 Cr12MoV 钢制造，采用低温淬火、低温回火，由于应力只去除 50%左右，因此在线切割中尺寸为 $4_{-0.01}^{\ 0}$处就收缩了 0.01~0.02mm，而采用中温淬火、中温回火（1030~1050℃淬火、400℃回火）后

未发现超差。

四、不锈钢表壳冷挤压模及热处理

不锈钢表壳形状较复杂，其材料为 06Cr19Ni10。原来用于表壳冷挤压成形的凸、凹模均采用 W18Cr4V 钢制造，但挤压 300 件左右就会在凸模表带销成形部位根部产生裂纹，模具的其他部位无明显磨损现象。对裂纹处进行断面分析，没有发现原始裂纹存在，钢的碳化物不均匀性级别<3 级，晶粒度为 10 级，硬度为 63HRC。分析结果表明，钢材质量没有问题，而是 W18Cr4V 钢的抗弯强度、韧性不能满足工作要求而使模具产生裂纹。要解决这个问题，可从两方面考虑，即修改模具结构或选用强韧性更高的钢来制作凸模。但是修改模具结构会给挤压后的表壳加工带来很大困难，因此应选用高强韧性钢来制作凸模而保留原模具结构。

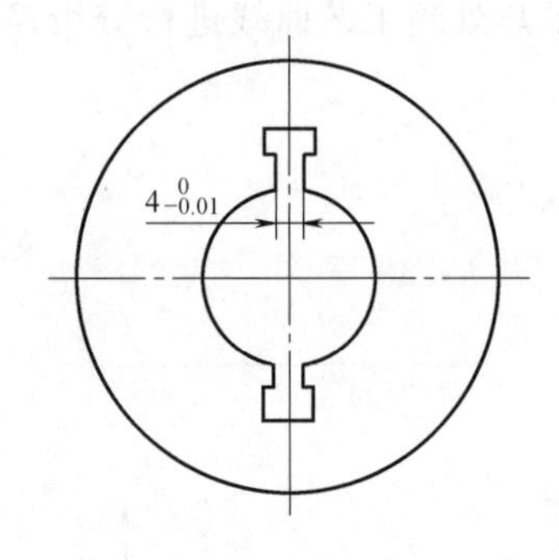

图 3-21　线切割加工成形凹模

高强韧性钢 6W6Mo5Cr4V 与 7Cr7Mo2V2Si 的抗弯强度都可达到 5000MPa 以上，高于 W18Cr4V 钢。但在此强度下 7Cr7Mo2V2Si 钢的冲击韧度值比 6W6Mo5Cr4V 钢高出近一倍，a_K 值达 104J/cm^2 左右，因此选用 7Cr7Mo2V2Si 钢制作凸模。凸模毛坯尺寸为 45mm×50mm×80mm，采用 ϕ50mm 棒料下料，反复镦拔 3 次，要求成品毛坯的钢材流线方向与凸模长轴方向垂直，与尺寸 50mm 方向平行，以保证凸模在工作状态时具有更高的强韧性。锻造加热过程要缓慢，保证充分烧透，始锻温度为 1120℃，终锻温度为 850℃，锻后砂冷。

7Cr7Mo2V2Si 钢凸模锻后退火工艺曲线如图 3-22 所示，淬火、回火工艺曲线如图 3-23 所示。

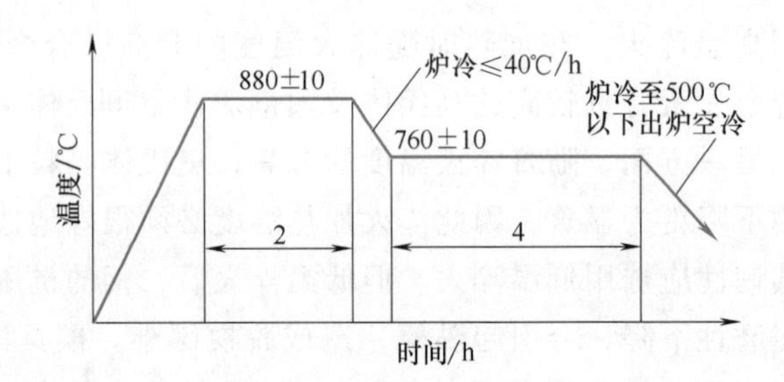

图 3-22　7Cr7Mo2V2Si 钢凸模锻后退火工艺曲线

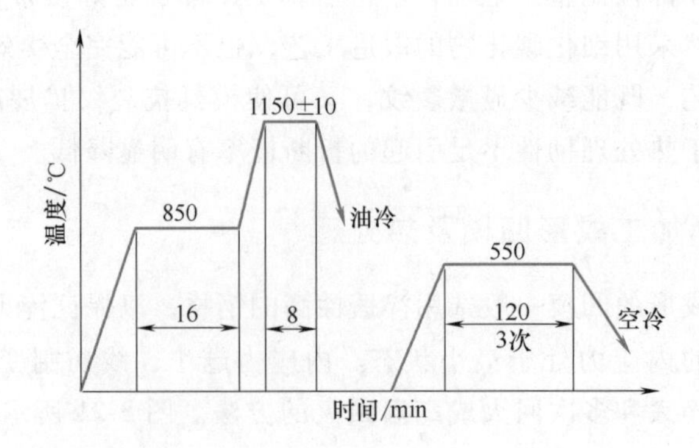

图 3-23　7Cr7Mo2V2Si 钢凸模淬火、回火工艺曲线

7Cr7Mo2V2Si 钢制造的表壳冷挤压凸模，使用寿命可超过 1.5×10^4 次。由于模具能承受特别强的载荷，克服了不锈钢强度较高和对加工硬化敏感的问题，因而使挤压件轮廓清晰，可获得较理想的形状精度，简化了挤压后的切削加工，使表壳的总加工费用明显降低。

习题与思考题

1. 冷作模具用钢应具备哪些使用性能？
2. 冷作模具用钢应具备哪些工艺性能？
3. 试述 Cr12MoV 钢和 6W6Mo5Cr4V 钢的锻造、热处理工艺特点。
4. 试述 Cr12MoV 钢采用不同淬火、回火温度后的力学性能变化。
5. 分别举例说明冷冲裁模、冷镦模、冷挤压模的选材原则及热处理要点。
6. 简述采用线切割加工成形的冲裁模选材原则及热处理要点。
7. 简述钢结硬质合金的特点。

第四章 热作模具材料及热处理

热作模具主要用于高温条件下的金属成形，使加热的金属或液态金属获得所需要的形状，按用途不同可分为热锻模、热镦模、热挤压模、压铸模和高速成形模具等。热作模具通常在反复受热和冷却的条件下工作，模具在高温下承受交变应力和冲击力的作用，同时还要经受高温氧化和烧损，变形加工的时间越长，受热就越严重，模具表面温升常达 300～700℃，有时甚至达到 700℃以上。热作模具的工作特点就是具有间歇性，每次使热态金属成形后，都要使用冷却介质对模具的型腔表面进行冷却，致使模具表面形成较大的热应力，从而容易引起型腔表面出现热疲劳裂纹，因而要求其应具有较高的热强性、热疲劳性和韧性，所以常选用中碳（w_C=0.3%～0.6%）合金钢制作。

第一节 热作模具材料的主要性能要求

热作模具是在机械载荷和温度均发生循环变化情况下工作的，由于采用的成形装备和被加工的材料不同，使模具的工作条件有较大差异。按照工作温度和失效形式不同，可将热作模具材料分为低耐热高韧性钢（350～370℃）、中耐热钢（550～600℃）、高耐热钢（600～650℃）等。有特殊要求的热作模具也可以采用奥氏体型耐热钢、高温合金或硬质合金，甚至是难熔合金来制造。

一、热作模具材料的使用性能要求

在评价热作模具钢时，主要依据的性能指标是硬度、强度、冲击韧度等，除了测试室温性能外，还必须测试材料在高温条件下的硬度、强度和冲击韧度等。

（1）硬度　硬度是模具的主要性能指标，一般要求热作模具的硬度为 40～52HRC。模具钢的硬度取决于马氏体中的碳含量、钢的奥氏体化温度和保温时间。要通过某种钢的“淬火温度-晶粒度-硬度”关系曲线来选择其最佳的淬火温度。马氏体中的二次硬化则与钢的合金化程度有关，随着回火温度的升高，马氏体中的碳含量虽然降低，但如果特殊碳化物呈弥散析出并促使残留奥氏体转变成马氏体，则模具钢的高温硬度将会提高。

（2）强度　强度是模具整个截面或某个部位在服役时抵抗静载断裂的抗力。在压缩条件下工作的模具，可测试其抗压强度。用拉伸试验测定一定温度下的抗拉强度 R_m 和屈服强度 R_{eL}，一般模具不允许发生永久的塑性变形，所以要求具有高的屈服强度。而当模具钢的塑性较差时，一般不用抗拉强度而用抗弯强度 σ_{bb} 作为力学性能指标，抗弯试验产生的应力状态与许多模具工作表面所处的应力状态极其相似，能精确地反映材料的成分和组织对性能的影响。

（3）冲击韧度和断裂韧度　冲击韧度是衡量模具材料在冲击载荷作用下抵抗破断的能力。材料的冲击韧度（a_K）越高，热疲劳强度也会越高。所以，应采用合理的锻造及热处理方法和工艺参数，防止碳化物偏析和晶粒粗大，减少淬火应力，提高钢的韧性。断裂韧度则表征了裂纹失稳扩展的抗力。热作模具尤其是热锻模，工作时会受到很大的冲击力作用，因而要求其具有较高的冲击韧度和断裂韧度，以防止模具开裂。

（4）热稳定性　热稳定性表征钢在受热过程中保持其组织和性能稳定的能力。热作模具工作时接触的是炽热的固态金属或是液态金属，导致模具表面的温度升高，模具材料会出现软化的现象，会造成模具出现过量的塑性变形而导致失效，因而要求模具材料应具有良好的热稳定性。通常，钢的热稳定性可用回火保温4h，硬度降到45HRC时的最高加热温度表示。对于原始硬度低的材料，也可用保温2h，使硬度降到35HRC（一般热作模具堆积塌陷失效的硬度）的最高加热温度定为该钢的热稳定性指标。

（5）耐回火性　耐回火性是指随回火温度的升高，材料的强度和硬度下降的快慢程度，也称为抗回火软化能力。通常以钢的“回火温度-硬度”变化曲线表示。它与热稳定性共同表征模具在高温下的变形抗力。

（6）热疲劳抗力　热疲劳抗力表征了材料热疲劳裂纹萌生前的工作寿命和萌生后的扩展速率。热作模具的工作特点就是反复地受热与受冷，交替出现膨胀与收缩，相应地会出现方向相反、交替产生的热应力，在这种热应力的反复作用下，会在模具表面形成网状裂纹（即龟裂），这种现象称为热疲劳。热疲劳通常以20~750℃条件下反复加热冷却时所发生裂纹的循环次数或当循环一定次数后测定的裂纹长度来确定。模具出现热疲劳而导致的失效，是热作模具失效的主要原因之一，所以热作模具材料应具有良好的耐热疲劳性。

（7）抗热磨损与抗氧化性能　抗热磨损是热作模具的重要使用性能要求，因为绝大多数锤锻模及压力机模具都因磨损而失效。国内已有单位在自制的热磨损机上进行热作模具钢的高温磨损试验，收到了较好的效果。由于热作模具往往在较高的温度下工作，模具工作面与空气、液态金属或其他介质接触，会发生氧化，加剧模具工作过程中的磨损，并在模具表面产生腐蚀沟，成为热疲劳裂纹的起源。因此要求模具材料具有在工作温度下的抗氧化性能。

二、热作模具材料的工艺性能要求

模具的加工费用占普通模具成本的50%以上，模具材料的工艺性好坏，直接关系到模具材料的推广和应用。

（1）锻造工艺性　钢的高温强度越低，伸长率越大，材料的锻造变形抗力越小，成形工艺性越好。

（2）淬火工艺性　淬火工艺性好的模具材料容易保证淬火质量，从而充分发挥材料的性能潜力，达到设计的使用寿命要求。

（3）切削工艺性　切削加工费用约占模具加工成本的90%，切削加工的难易程度将直接影响钢种的推广采用。

第二节　热作模具材料及热处理

一、低耐热高韧性热作模具钢及热处理

这类钢主要用于各种尺寸的锤锻模、平锻机锻模、大型压力机锻模等，是在高温下通过

冲击加压强迫金属成形的工具，锻模型腔与炽热的工件表面会产生剧烈摩擦。由于在锻造过程中，模具型腔表面与被加热到很高温度的锻坯相接触，使模具表面常升温到 300~400℃，有时局部可达 500~600℃。锻模的截面较大而型腔形状复杂，因此要求热作模具钢具有一定的高温强度和良好的冲击韧度、高的硬度与耐磨性、耐热疲劳性好、淬透性大，并具有良好的热导性以利于散热，避免型腔表面温度过高而降低力学性能，此外还应具有良好的工艺性和抗氧化性。

为了满足上述性能，高韧性热作模具钢中不能含有太高的碳及碳化物形成元素，碳的质量分数应控制在 0.3%~0.5%，同时加入少量的 Cr、Mo、V、Ni、Mn、Si 等元素以提高其淬透性及热强性，加入少量的 Mo、W 元素有助于消除高温回火脆性。常用的高韧性热作模具钢有 5CrNiMo、5CrMnMo、4CrMnSiMoV 三种，试用的有 5NiCrMoV 及 5Cr2NiMoVSi 等。

（一）5CrNiMo 钢

1. 力学性能

5CrNiMo 钢是 20 世纪 30 年代初应用至今的传统热锻模具钢，国内应用广泛。它具有很高的淬透性，如截面为 300mm×400mm 的锻模，自820℃油淬和 560℃回火后，截面各处的硬度比表面仅低 10~20HBW。5CrNiMo 钢的塑性、韧性良好，尺寸效应不敏感。由于碳化物形成元素含量不高，二次硬化效应弱，故热稳定性较差，热强性不高，通常在 400℃以下工作可保持较高的强度，超过 400℃时强度便急剧下降，模具温升到 550℃时，R_m 与温室比较下降近 50%。

2. 工艺性能

5CrNiMo 钢的临界点：Ac_1 为 730℃，Ac_3 为 780℃，Ms 为 230℃。

（1）锻造　市场上供应的钢材存在着纤维组织，直径越大，偏析越严重。对于制造承受高负荷或大型模具的坯料，要经过各向锻造的过程，并进行镦粗和拔长，其交替进行的次数应不少于 2~3 次。锻坯的加热温度为 1100~1150℃，始锻温度为 1050~1100℃，终锻温度为 800~850℃，锻后砂冷或坑冷。

（2）退火　5CrNiMo 钢锻轧后一般退火和等温退火工艺曲线分别如图 4-1 和图 4-2 所示。

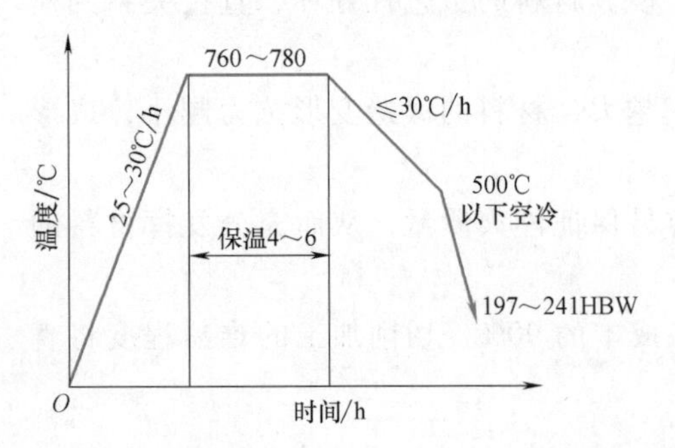

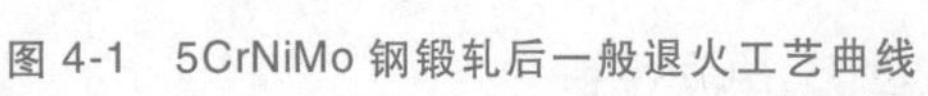
图 4-1　5CrNiMo 钢锻轧后一般退火工艺曲线

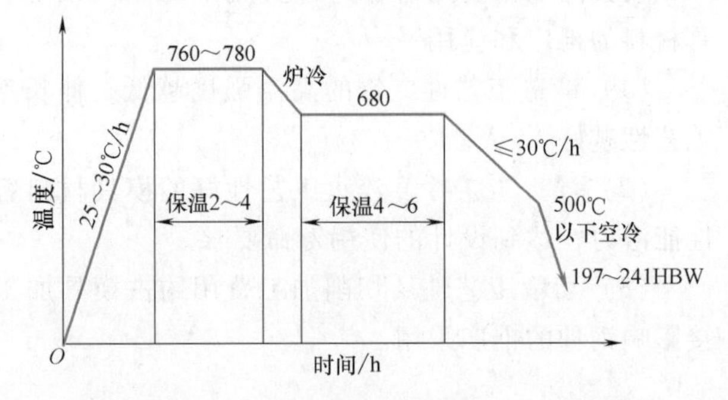

图 4-2　5CrNiMo 钢锻轧后等温退火工艺曲线

（3）淬火　经 600~650℃温度预热后加热到 830~860℃，保温后油淬。5CrNiMo 钢的模块如果出油温度低，容易淬裂，常在 200℃左右出油，但心部未转变成马氏体的过冷奥氏体，在回火时会转变成上贝氏体组织，冲击韧度极低，寿命短。为此可采用等温处理的方法，先将模具淬入 150℃的油中，再转入 280~300℃硝盐浴中停留 2~3h，获得“马氏体+下贝氏体+少量残余碳化物”组织，这样模具的寿命会明显提高。

（4）回火　淬火后的模具应立即移入回火炉中进行回火，5CrNiMo钢的回火工艺见表4-1。热锻模的燕尾与模体应以不同温度回火，保证燕尾部分的韧性，避免燕尾的开裂失效。

表4-1　5CrNiMo钢的回火工艺

回火用途	模具类型	回火温度/℃	加热设备	硬度　HRC
锻模体回火	小型锻模 中型锻模 大型锻模	490~510 520~540 560~580	煤气炉或电阻炉	44~47 38~42 34~37
锻模燕尾回火	小型锻模 中型锻模	620~640 640~660	煤气炉或电阻炉	34~37 30~35

3. 应用

很多国家在大型热锻模方面主要使用5CrNiMo钢，通用性强，大、中、小模块、深浅槽的模块均可用5CrNiMo钢制造。目前国内主要用于制造形状复杂、冲击载荷较大的大型及特大型锻模（最小边长≥400mm）。由于5CrMnMo及新钢种的研制成功，5CrNiMo钢的应用范围在逐渐缩小，此钢的热强性和耐磨性也不如高强度热作模具钢，故不适宜制作受冲击力大的中、小型锻模。

（二）5CrMnMo钢

1. 力学性能

考虑到我国的矿产资源情况，为节省镍元素而研制成的5CrMnMo钢，其强度略高于5CrNiMo钢，但用锰代镍降低了其在常温及较高温度下的塑性和韧性，而且5CrMnMo钢的淬透性比5CrNiMo钢的淬透性要低，过热敏感性稍大，在高温下工作时，其抗热疲劳性能也较差。

2. 工艺性能

5CrMnMo钢的临界点：Ac_1为710℃，Ac_3为760℃，Ms为220℃。

（1）锻造　5CrMnMo钢的锻造工艺参数和5CrNiMo钢相同，注意须防止模具开裂。

（2）退火　等温退火加热温度为850~870℃，等温温度为680℃，退火后的硬度为197~241HBW。

（3）淬火　在加热温度为840~860℃时油淬，冷却至150~180℃出油并立即回火。为减少变形及开裂，淬火时最好延时冷却，即先空冷到暗红色（740~780℃）再入油淬火。

（4）回火　5CrMnMo钢的回火工艺见表4-2。

表4-2　5CrMnMo钢的回火工艺

回火用途	模具类型	回火温度/℃	回火加热设备	硬度　HRC
模具工作部分	小型锻模 中型锻模	490~510 520~540	煤气炉或电阻炉	41~47 38~41
模具燕尾部分	小型锻模 中型锻模	620~640 640~660	煤气炉或电阻炉	35~39 34~37

3. 应用

与5CrNiMo钢相比，由于5CrMnMo钢的淬透性及韧性均较低，只适用于制造一些对强度和耐磨性要求较高，而对韧性要求不甚高的各种中、小型锤锻模具及部分压力机模块（最大边长≤400mm），也可用于工作温度低于500℃的其他小型热作模具。

（三）4CrMnSiMoV钢

1. 力学性能

4CrMnSiMoV钢是原冶金部标准中推荐使用的5CrMnSiMoV钢的改进型。碳的质量分数降低了0.1%，目的是在保持原有强度的基础上提高钢的韧性。该钢无镍，但具有较高的强度、耐磨性、冲击韧度及断裂韧度，其冲击韧度与5CrNiMo钢相近或稍低，而高温性能、耐回火性、热疲劳抗力好于5CrNiMo钢，主要用于大型锤锻模和水压机锻模。4CrMnSiMoV钢可以代替5CrNiMo钢。

2. 工艺性能

4CrMnSiMoV钢的临界点：Ac_1为792℃，Ac_3为855℃，Ms为330℃。

（1）锻造　钢坯加热温度为1100~1140℃，始锻温度为1050~1100℃，终锻温度≥850℃，加热的温度和时间不宜过高、过长，锻后进行砂冷或坑冷。为减轻脱碳现象，大型锻件应在锻后放入600℃的炉内，待温度均匀后，再冷却至150~200℃，然后出炉空冷。

（2）退火　等温退火加热温度为840~860℃，等温温度为700~720℃。

（3）淬火　大型锻模的淬火加热温度为870~900℃，中、小型锻模的淬火加热温度为900~930℃。

（4）回火　4CrMnSiMoV钢的回火工艺见表4-3。

表4-3　4CrMnSiMoV钢的回火工艺

模具类型	回火温度/℃	设备	硬度 HRC
小型锻模	470~610	煤气炉或电阻炉	44~49
中型锻模	610~630	煤气炉或电阻炉	41~44
大型锻模	630~660	煤气炉或电阻炉	38~42

如果制作大型锻模，由于尺寸很大，淬火时的应力和变形比中、小型模具大，工作时应力分布不均匀，需要有较高的韧性，硬度选取较低。

3. 应用

该钢可代替5CrNiMo钢，适用于大、中型锻模，也可用于中、小型锻模，寿命明显比5CrNiMo钢高。例如制作连杆模、前梁模、齿轮模、凸缘节模（深型模）等可提高寿命0.1~0.8倍不等，用作校正模、弯曲模和平锻机锻模，一般寿命都比5CrNiMo高出0.5倍。

（四）5NiCrMoV钢和5Cr2NiMoVSi钢

自从20世纪50年代以来，我国厚度小于250mm的模块大多采用5CrMnMo钢制造，大于250mm的模块一直都用5CrNiMo钢制作。与西方国家的常用钢牌号相比，碳化物形成元素含量低，热稳定性差，高温强度低，钢中不含钒元素，淬硬性较低，抗热磨损和抗热疲劳性能差，模具寿命短。从20世纪80年代起，我国研制了类似钢牌号5NiCrMoV，推荐将5NiCrMoV钢用于大型、复杂形状、大载荷的锤锻模和压力机锻模。

5Cr2NiMoVSi钢主要添加了一定量的钒和硅元素，将碳、镍、铬、钼等元素含量合理搭配，从而使其高温强度大幅度提高，且具有更高的淬透性和热稳定性。

1. 力学性能

在500℃以下时，5Cr2NiMoVSi钢的高温强度与5CrNiMo钢相近；而当高于600℃时，5Cr2NiMoVSi钢的强度却高出一倍以上。热稳定性温度提高150~170℃。对于截面为500mm×500mm的锻模，心部硬度较5CrNiMo钢高出13HRC。

2. 工艺性能

5Cr2NiMoVSi钢的临界点：Ac_1为750℃，Ac_3为874℃，Ms为243℃。

（1）锻造　始锻温度为1200℃，终锻温度为900℃，钢坯加热温度范围较宽，锻造合格率高。

（2）退火　等温退火加热温度为800℃，等温温度为720℃。

（3）淬火与回火　5Cr2NiMoVSi钢的淬火、回火工艺见表4-4。

表4-4　5Cr2NiMoVSi钢的淬火、回火工艺

模具类型	模块截面	淬火加热温度/℃	回火加热温度/℃	回火硬度 HRC
锤锻模	<300mm×300mm	960~980	620~640	40~45
	>300mm×300mm	960~980	630~660	38~41
压力机模	<300mm×300mm	970~1000	610~630	45~47
	>300mm×300mm	970~1000	630~650	42~44

推荐淬火加热温度为960~980℃，型腔回火加热温度为630~670℃，燕尾回火加热温度为680~700℃。

3. 应用

5NiCrMoV钢主要用于制造大型锻模，代替传统的5CrNiMo钢；5Cr2NiMoVSi钢主要用于各类压力机模具和3t锤锻模，平均使用寿命比5CrNiMo钢提高0.5~1倍。而10t的锤锻模可以选用5Cr2NiMoVSi钢，例如制造“75拖”大从动齿轮锻模，使用寿命比由德国进口的55CrNiMoV6钢模具提高0.5倍。

二、中耐热韧性热作模具钢及热处理

许多热挤压模、热镦锻模、精锻模以及锻压机、高速锤上的模具等都是在繁重的条件下工作的。这些模具工作时需较长时间与被加工的金属相接触，受热温度往往比锤锻模具要高，特别是当加工黑色金属及难熔金属时。这类模具尽管尺寸不是很大，往往比锤锻模要小，但承受着较高的应力，挤压比大的模具和细长的心棒承受的应力更高。所以要求具有高的热稳定性、较高的高温强度和耐热疲劳性以及高的耐磨性。

中等耐磨性韧性钢，主要有5%的铬（质量分数）系热作模具钢和铬钼系热作模具钢，含有较多的铬、钼、钒等碳化物形成元素，其韧性及耐热性介于高韧性及高热强性热作模具钢之间。我国从20世纪60年代开始引进开发这类钢牌号，用量逐渐扩大，现已成为主要的热作模具钢。

（一）含5%铬（质量分数）的铬系热作模具钢

1. H11钢（4Cr5MoSiV）

4Cr5MoSiV钢中w_V=0.4%左右，简称H11钢，其淬透性很好，直径在150mm以下的钢材可以空冷淬硬，中温下的热强性和耐磨性都较高，韧性较好，甚至在淬火状态下也有一定

的韧性，抗热疲劳性特好，因此用H11钢制作高速锤锻模非常理想，有时也用作压铸模和挤压模。

(1) 锻造 H11钢碳的质量分数为0.4%，热塑性较好，当锻制大型锻件时，先缓慢加热到750℃，再快速加热到1120~1150℃的锻造温度，减少氧化和脱碳；始锻温度为1080~1120℃，终锻温度≥850℃，锻后缓冷，并及时退火。

(2) 退火 加热温度为880℃，等温温度为750℃，炉冷到500℃以下出炉空冷，获得粒状珠光体组织，退火硬度为192~235HBW，最好在可控气氛炉中进行。

(3) 淬火、回火 淬火时不需要预热，可直接加热到1000~1020℃，油淬或分级淬火，硬度为50~52HRC，经540~600℃回火，模具硬度在40~50HRC范围内。注意：该钢在200℃以上随回火温度升高，a_K 值下降，在500℃左右冲击韧度最低，所以应避免在500℃附近回火或进行化学热处理。

2. H13钢 (4Cr5MoSiV1)

H13钢是国际上广泛应用的一种空冷硬化型热作模具钢，即美国钢牌号为ASTM-H13，日本钢牌号为JIS-SKD61，我国在“八五”期间将H13钢列为国家重点推广的钢种，目前国内已经有多家钢厂在生产。

H13钢比H11钢的钒含量高，其质量分数一般在1%左右，热强性和热稳定性高于H11钢。具有较高的韧性和耐冷热疲劳性能，裂纹不易扩展 ($K_I \ll K_{IC}$)。可以制作热锻模或模腔温升不超过600℃的压铸模。

H13钢的临界点：Ac_1 为853℃，Ac_3 为912℃，Ms 为310℃。

(1) 锻造 锻造工艺参数与H11钢相同，但考虑到其内部存在着严重的碳化物偏析，要求锻造比大于4，以破碎亚稳定的共晶碳化物。

(2) 退火 等温退火加热到800℃，保温2h，降温至750℃等温2~4h，炉冷到500℃后出炉空冷，硬度为192~229HBW，锻后必须立即进行球化退火。

(3) 淬火、回火 H13钢与H11钢的不同之处在于，淬火前需经二次预热，然后加热到1020~1050℃，油淬的硬度为53~55HRC；也可以采用空淬或分级淬火，经560~630℃回火，可获得硬度为40~50HRC。H13钢的回火或化学热处理温度同样要避开500℃，但不宜超过650℃。

3. 4Cr5W2SiV钢 (ЗИ958)

4Cr5W2SiV钢的钒含量 $w_V = 0.6\% \sim 1.0\%$，用2%（质量分数）的钨代替1%（质量分数）的钼，从4Cr5MoSiV1钢演变而来，性能与H13钢颇为相似，锻造、热处理工艺参数与H13钢相近。$w_{Cr} = 5\%$ 的铬系热作模具钢，在500~600℃时具有比高韧性热锻模具钢更高的硬度、热强性和耐磨性，而韧性高于3Cr2W8V等高耐热模具钢，含有硅和铬，其抗氧化性较好，是目前国内通用性较强的热作模具钢。对于铝型材的挤压模具，采用H13钢制造的空芯模平均寿命是12t/副，平面模寿命在15t/副以上，比原用3Cr2W8V钢延长3~5倍，用于机锻模的H11和H13钢代替5CrNiMo及3Cr2W8V钢，模具寿命提高2~3倍，用作辊锻模具，最高寿命已达5万件，比原用3Cr2W8V钢高出3倍，在轴承行业中代替3Cr2W8V钢制造碾压辊，寿命提高2~3倍。

(二) 铬钼系热作模具钢

这类钢中碳含量较低，是在国外钢牌号3Cr3Mo3CoV钢的基础上发展而来的，其耐回火性及热稳定性高于5%的铬系钢，冲击韧度 a_K 和断裂韧度 K_{IC} 高于3Cr2W8V钢。

1. HM1钢（3Cr3Mo3W2V）和HM3钢（3Cr3Mo3VNb）

HM1钢是参照国外H10钢（4Cr3Mo3SiV）和3Cr-3Mo系的热作模具钢，结合我国资源特点而研制的，加入2%（质量分数）的钨形成HM1钢；HM3钢则是在碳含量较低（w_C = 0.25%）的模具钢基础上加入了微量的元素铌（w_{Nb} = 0.08%～0.15%），使钢保持高的强度和热稳定性。HM1钢的冷热疲劳抗力比3Cr2W8V钢高得多，同时还有较高的韧性。HM3钢在600℃以上的高温强度高于4Cr5W2SiV钢，但当试验温度低于600℃时，强度不如4Cr5W2SiV钢高。

HM1钢的临界点：Ac_1 为842℃，Ac_3 为922℃，Ms 为373℃。

HM3钢的临界点：Ac_1 为825℃，Ac_3 为920℃，Ms 为355℃。

（1）锻造　加热温度为1150～1180℃，始锻温度为1120～1150℃，终锻温度≥850℃。对于HM1钢要求锻后必须缓冷，并及时进行退火。

（2）退火　HM1钢采用等温球化退火，其加热温度为870℃，等温温度为730℃，炉冷到550℃以下出炉空冷，退火后硬度为207～225HBW。

HM3钢采用等温球化退火，其加热温度为860℃，等温温度为710℃，炉冷到550℃以下出炉空冷。

（3）淬火、回火　HM1钢在1030～1120℃范围内淬火时，可获得52～55HRC的硬度，具体工艺可根据工件要求选用。回火温度在580～620℃之间选择，回火二次，每次2h。

HM3钢的淬火温度为1080℃，回火温度为560～630℃，回火二次。3Cr3Mo3VNb钢（HM3）对热锻成形凹模、连杆辊锻模、轴承套圈毛坯热挤压模、高强钢精锻模、小型压力机锻模、铝合金压铸模等都有良好的应用效果。HM3钢模具寿命比3Cr2W8V、5CrNiMo、4Cr5W2VSi钢制模具提高2～10倍，可有效地克服模具因热磨损、热疲劳、热裂等引起的早期失效。

HM1钢是目前国内研制的新钢种中工艺性能好、使用面广、具有广阔应用前景的高强韧性热作模具钢。HM1钢用作轴承套圈毛坯热挤压凸模、凹模，碾压辊及辊锻模均取得显著效果，模具平均寿命达1～2万件，最高达3万件以上，比原用3Cr2W8V、5CrMnMo钢等模具寿命普遍提高2～5倍，高的达10多倍。该钢更适宜作为压铸模的材料，在铝合金压铸模等应用上取得了明显效果。

2. PH钢（2Cr3Mo2NiVSi）

PH钢属于析出硬化型热作模具钢，淬火和低温回火后的硬度约为45HRC，可以加工成模具直接使用，避免热处理淬火变形及产生表面的氧化、脱碳。模具在使用过程中表层受热升温，析出特殊碳化物MoC、VC，形成二次硬化，表面硬度可提高到48HRC，增加了高温强度和耐热性，且心部具有高的韧性。由于组织转变层很薄，因此没有变形。

为了具有良好的可加工性，在PH钢中加入了0.05%～0.12%（质量分数）的锆等微量合金元素，使条状MnS夹杂变成纺锤状硫化物，并使铝酸盐夹杂变成球状钙铝酸盐夹杂，从而改善了钢的横向冲击韧度及可加工性。

PH钢的临界点：Ac_1 为776℃，Ac_3 为851℃，Ms 为672℃。

（1）锻造　始锻温度为1000～1100℃，终锻温度≥850℃，锻后炉冷。

（2）退火　780℃加热，以≤40℃/h的速度冷却到680℃后随炉冷却，退火后硬度为

217~229HBW。

（3）淬火、回火 淬火加热温度为990~1020℃，截面边长≤100mm时采用空冷，截面边长>100mm时采用油冷。在370~400℃回火一次，硬度在45HRC左右。

PH钢适用于在500~600℃范围内工作的热锻模具，如果模具工作表面升温至525~550℃，析出硬化后的硬度值可升到48HRC，常用于制作啮合齿轮模和连杆模等，使用寿命较H11钢提高一倍。

三、高耐热热作模具钢及热处理

高耐热热作模具钢主要用于较高温度下工作的热顶锻模具、热挤压模具、铜及黑色金属的压铸模具、压力机模具等。其中压力铸造是在高的压力下，使熔融金属挤满型腔而压铸成形，在工作过程中模具反复与炽热金属接触，因此要求其具有较高的耐回火性及热稳定性。

属于此类钢中应用较多、较早的有三个钢牌号：3Cr2W8V、5Cr4W5Mo2V（RM2）、5Cr4Mo3SiMnVAl（012Al）钢。另外还有几个试用较好的钢牌号：4Cr3Mo3W4VNb（GR）、6Cr4Mo3Ni2WV（CG2）、4Cr3Mo2NiVNbB（HD）、奥氏体耐热钢等。这类钢的钨、钼含量较高，比前两类热作模具钢在高温下具有更高的强度、硬度和耐磨性，组织稳定性好，但其韧性和耐热疲劳性不及低耐热高韧性热作模具钢。

（一）3Cr2W8V钢

3Cr2W8V钢是钨系高耐热热作模具钢的代表性钢牌号，早在20世纪20年代开始用于生产，由于钨含量高，在温度不小于600℃时，钢的高温强度和硬度明显要高于铬系热作模具钢。

1. 力学性能

3Cr2W8V钢的主加元素刚好是W18Cr4V高速钢的一半，因此又称为半高速钢。钨含量越高，钢的热稳定性越高，耐磨性越好。铬能增加钢的淬透性，虽因冷热疲劳抗力差，在急冷、急热条件下工作时容易产生冷热疲劳裂纹而失效，但其耐回火性较好，在550℃回火时会出现二次硬化峰，淬火温度越高，二次硬化峰值的硬度越高，热强性越好。由于W_2C的析出，在650℃时冲击韧度最低，因此高温韧性较差。

2. 工艺性能

3Cr2W8V钢的临界点：Ac_1为830℃，Ac_3为920℃，Ms为350℃。

（1）锻造 钢坯加热温度为1130~1160℃，始锻温度为1080~1120℃，终锻温度为900~850℃，锻后先在空气中冷却到约700℃，随后缓冷（砂冷或炉冷）。

（2）退火 等温退火的加热温度为840~880℃，等温温度为720~740℃，退火状态的组织是在铁素体基体上分布着Fe_3W_3C和$Cr_{23}C_6$，退火硬度不大于241HBW。

（3）淬火、回火 为了提高模具的强韧性，可以采用高温淬火加高温回火工艺，即1140~1150℃淬火，650~680℃回火，适用于承受动载荷较小的模具。对于在动载荷下工作的小模具或大型模具，可选用1050~1100℃常规淬火工艺，油淬硬度为50~54HRC，550~650℃回火两次，每次2h，回火后硬度为40~50HRC。

3. 应用

3Cr2W8V钢在淬火加热时的脱碳变形倾向较小，热处理工艺稳定，许多中小型机械厂仍广泛使用，主要应用在压力机锻模、热挤压模、镦锻模、压铸模、剪切刀上。考虑到

3Cr2W8V 钢的耐热疲劳性和韧性较差，有以下三种强韧化方法：

（1）高温淬火、高温回火　提高淬火温度，能使合金碳化物进一步溶解，奥氏体中的钨含量增加，提高淬火钢的热硬性，在晶粒不粗大的条件下可使热疲劳性能得到提高。例如 3Cr2W8V 钢制的 40Cr 钢销轴热锻模在作用力 1600kN 的摩擦压力机上锻造，原工艺用1050~1100℃淬火，600~620℃回火，硬度为 47~49HRC，使用寿命仅 500~2000 件；改用 1150℃淬火，660~680℃高温回火，硬度为 39~41HRC，模具寿命达 7000~10000 件。

（2）下贝氏体等温淬火　3Cr2W8V 钢制的自行车曲柄热成形模，在 3000kN 摩擦压力机上工作。若用常规工艺：1080℃油淬，580~610℃二次回火，硬度为 45~48HRC，平均寿命仅 4500 件；改用 1100℃加热，340~350℃硝盐浴炉等温淬火，可获得在马氏体上分布适量下贝氏体的混合组织，从而提高了裂纹扩展抗力，使模具的平均寿命提高一倍，达到 9000 件以上，最高达 3.8 万件。

（3）控制淬硬层淬火　采用高温短时间加热，或控制淬火操作，使模具表面和心部得到不同的淬火加热温度，形成不同的合金度，在随后淬火时可获得内外不同的组织。例如在 1000~3000kN 摩擦压力机上锻尖嘴钳，需用 3Cr2W8V 钢制的热压模具，按常规工艺，硬度为 46~48HRC，模具寿命仅 4000 件，就会出现模腔变形塌陷或开裂，而改用高温短时加热淬火处理的模具，寿命可达 32000 件。

（二）RM2 钢（5Cr4W5Mo2V）

1. 力学性能

该钢碳的质量分数属于比较高的，近 0.5%，合金元素总的质量分数为 12%，碳化物较多，以 Fe_3W_3C 为主，因而具有较高的硬度、耐磨性、耐回火性及热稳定性，如在硬度为 40HRC 时的热稳定性可达 700℃，但是其碳化物分布不均匀，韧性较差。

2. 工艺性能

5Cr4W5Mo2V 钢的临界点：Ac_1 为 836℃，Ac_3 为 893℃，Ms 为 250℃。

（1）锻造　加热温度为 1170~1190℃，始锻温度为 1120~1150℃，终锻温度≥850℃，锻后在 850~600℃区间应该快冷，以避免网状碳化物的形成，在 600℃以下缓冷。

（2）退火　加热温度为 870℃，等温温度为 730℃，炉冷到 500℃以下出炉空冷。

（3）淬火、回火　1130℃淬火并在不同温度回火后的硬度见表 4-5。当 550℃回火时出现二次硬化峰值，700℃回火时仍保持 40.5HRC 的硬度。淬火温度超过 1150℃时晶粒会明显增大，超过 1200℃时显著增大。

表 4-5　5Cr4W5Mo2V 钢的回火硬度（1130℃淬火）

回火温度/℃	淬火态	450	500	550	600	625	650	700
硬度　HRC	59	57.5	57.5	58.5	55	52.5	47	40.5

3. 应用

RM2 钢相比 3Cr2W8V 钢具有较高的热强性、耐磨性及热稳定性，适于制作受热温度较高的小型热冲头、热切边模、精锻模、平锻模、压印机凸模、热挤压凸模及辊锻模等，使用寿命比 3Cr2W8V 钢普遍延长 2~3 倍，个别模具可延长 10~20 倍。

（三）012Al 钢（5Cr4Mo3SiMnVAl）

012Al 钢是冷、热兼用型模具钢，钢中 w_C 为 0.47%~0.57%，含有 Cr、Mo、Al 等合金

元素，与氮有强烈的亲和力，渗氮性能良好。

1. 力学性能

012Al钢强韧性高，抗热疲劳性好；热导性差，变形抗力大；可通过渗氮提高其耐磨性和耐蚀性。

由表4-6可见，012Al钢的热稳定性高于3Cr2W8V钢，说明该钢具有较高的热硬性，热疲劳性也比3Cr2W8V钢优越得多。

表4-6　012Al钢的热稳定性

热处理工艺		硬度　HRC	在下列温度保温、降到40HRC所需时间/h		
淬火温度/℃	回火工艺		640℃	660℃	680℃
1090	580℃加热，保温2h，回火2次	53	9	9	3
	620℃加热，保温2h，回火2次	48	7	6	3
1120	560℃加热，保温2h，回火2次	57	>11	10	3.5
	620℃加热，保温2h，回火2次	50	10	9	4.5
1130	3Cr2W8V钢640℃加热，保温2h，回火2次	45~56	6	3.5	2.5

2. 工艺性能

012Al钢的临界点：Ac_1为837℃，A_{c3}为902℃，Ms为277℃。

（1）锻造　锻造加热温度为1100~1140℃，始锻温度为1050~1080℃，终锻温度≥850℃，锻后缓冷（砂冷或坑冷）。

（2）退火　采用等温退火，加热温度为850~870℃，保温4h，炉冷至710~720℃，保温6h，炉冷至550℃以下出炉空冷，硬度≤229HBW。

（3）淬火、回火　500℃和850℃两次预热，1090~1120℃盐浴炉加热（30s/mm），保温后油淬，510℃回火两次，每次保温2h后油冷，硬度为60~62HRC。

3. 应用

用012Al钢制作的热作模具比3Cr2W8V钢制的模具使用寿命更长。在轴承套圈热挤压凸模及凹模上使用，使用寿命可提高5~7倍；在军品壳体热挤压盂凸模上使用，使用寿命可提高2倍以上；在轴承穿孔凸模及碾压辊上使用，比3Cr2W8V钢提高使用寿命2~3倍。

（四）CG2钢（6Cr4Mo3Ni2WV）

CG2钢是在高速钢的基体钢6W6Mo5Cr4V（低碳M2钢）的基础上做适当改进，增加Ni含量，降低W、Mo含量研制而成的冷、热兼用型基体钢。

1. 力学性能

由于在钢中加入了2%的Ni（质量分数），提高了基体的强度和韧性，其室温及高温强度、热稳定性均高于3Cr2W8V钢，但高温冲击韧度与塑性要低于3Cr2W8V钢。

2. 工艺性能

CG2钢的临界点：Ac_1为737℃，Ac_3为822℃，Ms为180℃。

（1）锻造　始锻温度为1140~1160℃，终锻温度≥950℃。此钢锻造性能稍差，要求反复镦拔三次以上，保证使碳化物均匀分布，锻后应缓冷，并及时进行退火以消除内应力。

（2）退火　CG2钢须采用球化退火，加热温度为810℃，等温温度为670℃，炉冷至400℃以下出炉空冷，退火硬度为220~240HBW。

（3）淬火、回火　淬火加热温度为1100~1130℃，油冷淬火。回火温度为630℃，回火二次，每次2h，硬度为51~53HRC。若用作冷作模具，则在540℃回火二次，硬度为59~62HRC。

3. 应用

CG2钢适于制作热挤压、热冲头等模具。曾在轴承套圈热挤压凸、凹模上应用过，使用寿命为3Cr2W8V钢凸模的2~3倍，制作热挤压凸模，使用寿命提高近一倍，制作底板，使用寿命是3Cr2W8V钢底板的3~6倍。

CG2钢亦可用于冷作模具，制作标准件及轴承滚子的冷镦模、缝纫机零件的冷镦模，比Cr12MoV钢模具的使用寿命明显延长。

（五）GR钢（4Cr3Mo3W4VNb）

1. 力学性能

GR钢属于钨钼系热作模具钢，其中加入少量的Nb是为了增加钢的耐回火性及热强性。经大气感应炉冶炼的GR钢，其室温及高温力学性能见表4-7，热稳定性数据见表4-8，4Cr3Mo3W4VNb钢有比3Cr2W8V更高的屈服强度、热稳定性、冷热疲劳抗力及高温抗压强度，但韧性较差。

表4-7　GR钢室温及高温力学性能

试验温度/℃	R_m/MPa	R_{eL}/MPa	A_5(%)	Z(%)	a_K/(J/cm^2)	HRC
室温	1880	1500	6.7	20	16	52
600	1440	1160	1.25	3.0	23	—
650	1220	1030	2.0	3.0	26	—
750	675	580	3.75	18.0	110	—

表4-8　4Cr3Mo3W4VNb、3Cr2W8V钢的热稳定性（硬度　HRC）

钢牌号	保温时间/h					
	0	1	2	3	4	5
4Cr3Mo3W4VNb	50	47.5	45	42.5	41	39.5
3Cr2W8V	48	44	41	37.5	34.5	32.5

2. 工艺性能

GR钢的临界点：Ac_1为821℃，Ac_3为880℃，Ar_1为752℃，Ar_3为850℃。

（1）锻造　始锻温度为1150℃，终锻温度≥900℃，锻后缓冷，并及时进行退火。

（2）退火　采用等温退火工艺，加热温度为850℃，等温温度为720℃，冷却到550℃以下出炉空冷。

（3）淬火、回火　淬火温度在1160~1200℃内选取，若选用的淬火温度较高，则材料的高温强度及回火稳定性也较高，反之则塑性和韧性较高。

回火温度分别选取630℃和600℃，回火两次，每次2~3h。形状复杂的模具，可进行三次回火，回火后的硬度为50~54HRC。

3. 应用

GR钢主要用于制作热镦和精锻模具，已成功应用在齿轮高速锻模具、精密锻造模、轴承套圈热挤压模、自行车零件及螺母热镦锻模、小型机锻模、辊锻模上，与3Cr2W8V钢模具相比，其使用寿命可提高数倍至数十倍，效果显著。

（六）HD钢（4Cr3Mo2NiVNbB）

随着少、无切削新工艺的发展，常采用热挤压方法来加工黑色金属及铜合金等非铁金属，热挤压模具的工作温度可达700℃左右，在此条件下，国内广泛使用的3Cr2W8V钢及铬系热作模具钢H13钢等的耐磨损性和冷热疲劳抗力已不能满足要求，而HD钢是专为适应700℃左右工作温度而研制的新型热作模具钢。

1. 力学性能

HD钢的高温力学性能：经1130℃淬火、650℃回火后，于650℃及700℃进行测量，高温下的屈服强度、塑性和韧性见表4-9；经1130℃淬火、不同温度回火的抗回火热稳定性见表4-10，回火温度越高，HD钢比3Cr2W8V钢的硬度值越高。在相同的硬度条件下，HD钢的断裂韧度K_{IC}比3Cr2W8V钢高50%，在700℃时的高温短时抗拉强度高出70%，冷热疲劳抗力高出一倍，热磨损性能比3Cr2W8V钢高50%。

表4-9 HD钢的高温力学性能

试验温度/℃	$R_{p0.2}$/MPa		Z(%)		A(%)		a_K/(J/cm²)	
	HD	3Cr2W8V	HD	3Cr2W8V	HD	3Cr2W8V	HD	3Cr2W8V
650	536.9	414	66.1	49.1	16.3	14.0	56	
700	405.3	235	66.3	85.4	17.6	21.8	75	62

表4-10 不同回火温度时的硬度值（1130℃加热淬火）（单位：HRC）

回火温度/℃	300	400	500	530	560	590	620	650	700
HD钢	52.5	52.0	52.5	53.5	54.0	53.8	51.2	47.0	41.0
3Cr2W8V	51.0	51.0	51.4	52.3	51.5	51.8	50.0	46.0	34.0

2. 工艺性能

HD钢的临界点：Ac_1为770℃，Ms为320℃。

（1）锻造　加热温度为1100~1150℃，始锻温度为1000~1050℃，终锻温度为850℃。

（2）退火　加热温度为850℃，保温4h，炉冷到550℃以下出炉空冷。

（3）淬火、回火　淬火加热温度为1130℃，回火温度为650~700℃。

3. 应用

HD钢常用于钢质药筒热挤压凸模、铜合金管材挤压底模以及穿孔针、热挤压轴承环凸凹模、汽车挤压底模等，用来挤压HSn70-1锡黄铜、BFe10-1-1铁白铜、低碳钢、4Cr9Si2钢、GCr15钢等材料，比3Cr2W8V钢制模具的使用寿命提高1~2倍。

（七）Y10钢（4Cr5Mo2MnVSi）和Y4钢（4Cr3Mo2MnVNbB）

Y10及Y4是分别为铝合金、铜合金的压铸模而研制的新型热作模具钢，铝合金的熔点较低，为580~740℃，Y10钢是在H13钢的基础上适当提高钒、锰、硅的含量，属于含5%铬（质量分数）的铬系高强韧性热作模具钢。铜合金的熔点温度较高，为850~920℃，Y4钢是属于成分接近于3Cr-3Mo的铬钼系热作模具钢，但增加了微量元素铌和硼。

1. 力学性能

Y10和Y4钢在冷热疲劳抗力及阻碍裂纹扩展速率方面明显优于3Cr2W8V钢，是比较理想的铝合金、铜合金的压铸模材料。用于非铁金属的压铸模，可使其模具的使用寿命延长1~10倍，也可用于热挤压模、精锻模。

2. 工艺性能

Y10 钢的临界点：Ac_1 为 815℃，Ac_3 为 893℃，Ms 为 271℃。

Y4 钢的临界点：Ac_1 为 789℃，Ac_3 为 910℃，Ms 为 263℃。

（1）锻造与退火　两种钢的锻造及退火工艺与 3Cr2W8V 钢相近，锻造性能良好，温度范围较宽，无特殊要求，退火硬度低于 3Cr2W8V 钢。

（2）淬火和回火　淬火温度为 1020~1120℃，回火温度为 600~630℃，可根据用途及要求进行选择。

四、特殊用途的热作模具钢及热处理

随着工业技术的日益发展，出现了各种新的热加工方法，对模具工作温度的要求更高，工作条件也更加苛刻。为此，各种高速钢、奥氏体耐热钢、高温合金、难熔合金等，都被用于制造模具。

（一）奥氏体型热作模具钢

因为马氏体型热作模具钢在 650℃以上会发生碳化物的聚集长大，致使硬度、强度降低，因此为保证模具在 750℃以上能耐高温、耐腐蚀、抗氧化，需要研制出奥氏体型热作模具钢。现在主要有铬镍系奥氏体钢和高锰系奥氏体钢两类。

1. 高锰系奥氏体钢

此类钢又分为高锰系奥氏体模具钢和高锰奥氏体无磁模具钢。

（1）高锰系奥氏体模具钢　5Mn15Cr8Ni5Mo3V2 和 7Mn10Cr8Ni10Mo3V2 是高锰系奥氏体钢，在加热和冷却过程中不发生相变，始终保持奥氏体组织，经 1150~1180℃固溶处理和 700℃时效后具有较好的综合力学性能，硬度为 45~46HRC，但时效软化抗力很高，直到 800℃时效，硬度仍能保持在 42HRC 左右，远远超过 3Cr2W8V 钢，其热处理工艺与室温力学性能见表 4-11。

表 4-11　奥氏体钢的热处理工艺与室温力学性能

钢　　种	热处理工艺	硬度 HRC	抗拉强度 R_m/MPa	屈服强度 R_{eL}/MPa	断面收缩率 Z(%)	冲击韧度 a_K/(J/cm²)
5Mn15Cr8Ni5Mo3V2	1180℃固溶+700℃、4h 时效	45.6	1384	15.3	32.8	35
7Mn10Cr8Ni10Mo3V2	1150℃固溶+700℃、6h 时效	44.5	1310	8.8	27.1	20
3Cr2W8V	1100℃油淬+580℃回火	49.0	1650	9	37.0	28

高锰奥氏体耐热模具钢主要用于制造工作应力较高、使用温度达 700~800℃的高温热作模具，如不锈钢、高温合金、铜合金的挤压模，模具寿命比 3Cr2W8V 钢制模具提高 4~5 倍。实际应用中应先将模具预热到 400~450℃，由于这类钢的塑性、韧性不高，故实际应用受到限制。

（2）高锰奥氏体无磁模具钢　7Mn15Cr2Al3V2WMo（7Mn15）钢是一种高 Mn-V 系的无磁模具钢，7Mn15 钢在任何状态下都能保持稳定的奥氏体组织，除可制作冷作模具、无磁轴承及要求在强磁场中不产生磁感应的结构件外，因其在高温下还具有较高的强度和硬度（图 4-3），因此，也用来制作 700~800℃下使用的热作模具。

7Mn15钢常用的热处理工艺为：1180℃加热水淬，700℃回火空冷。

2. 铬镍系奥氏体模具钢

45Cr14Ni14W2Mo、22Cr21Ni12N钢属于铬镍系奥氏体钢，在700℃以下具有良好的热强性，在800℃以下具有良好的抗氧化性及耐蚀性。如45Cr14Ni14W2Mo钢在800℃时仍有250MPa的强度，且有很好的塑性与韧性。该类钢可进行1150~1180℃或1050~1150℃的固溶处理，再做750℃的时效处理，适合制造钛合金蠕变成形模具和具有强烈腐蚀性的玻璃成形模具。

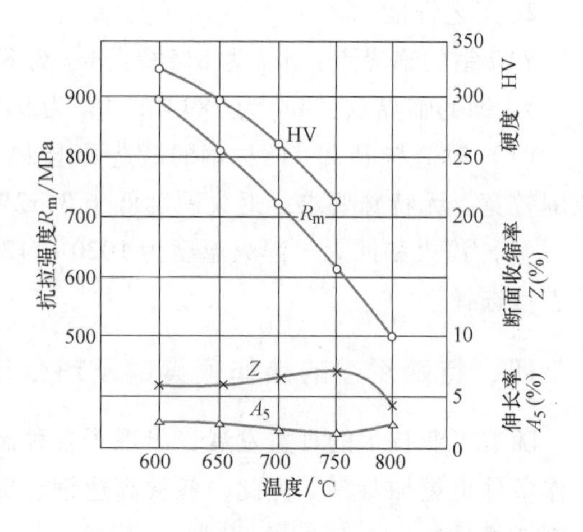

图4-3　7Mn15钢的高温力学性能（1180℃水淬、700℃回火空冷）

（二）高温合金

当挤压耐热钢管时，模具型腔温度会高达900~1000℃，用奥氏体耐热钢也不能解决问题，需要采用高温合金来制作模具，如铁基、镍基、钴基合金等。常用的镍基合金中，以尼莫尼克100号热强性最高，其化学成分为：$w_C=0.3\%$，$w_{Ti}=1.0\%\sim2.0\%$，$w_{Cr}=10\%\sim12\%$，$w_{Al}=4\%\sim6\%$，$w_{Co}=18\%\sim22\%$，$w_{Mo}=4.5\%\sim5.5\%$，$w_{Fe}<2\%$，其余为Ni。在900℃时持久强度仍有150MPa，可用于制作挤压耐热钢零件或挤压铜管的凹模及芯棒。

（三）硬质合金

硬质合金具有很高的热硬性和耐磨性，可用于制作工作温度较高的凸模或凹模中的镶块。如气阀挺杆热镦挤压模，原用3Cr2W8V钢制作，模具寿命为0.5万件；改用钨钴类硬质合金YG20后，模具寿命提高到1.5万件。硬质合金还可用于制作压铸模、热切边凹模等。

（四）难熔合金

通常将熔点在1700℃以上的金属称为难熔金属。在压铸钢铁材料时，压铸模型腔的工作温度可高达1000℃，型腔表面受到严重的氧化、腐蚀和冲刷作用，常因产生严重的塑性变形和网状裂纹而失效，只能压铸几十件或几百件。因此，可以采用钨、钼、铌等熔点在2600℃以上的难熔合金来制作压铸模的型腔。由于它们的再结晶温度高于1000℃，可长时间在此温度之上工作。美国使用粉末烧结的钨基合金Anviloy1150（$w_W=90\%$、$w_{Mo}=4\%$、$w_{Ni}=4\%$、$w_{Fe}=2\%$）和钼基合金TZM（$w_C=0.01\%\sim0.04\%$、$w_{Zr}=0.06\%\sim0.12\%$、$w_{Ti}=0.4\%\sim0.55\%$，余为Mo）制作压铸模。

相比之下，钼基合金的热强度和持久强度较高，热导性好，热膨胀小，因此几乎不引起热裂。TZM合金的塑性较好，便于成形加工，室温脆性也比钨基合金小，但其抗变形能力有限，且力学性能的各向异性十分明显。钼基合金做压铸模具应用得比较成功，主要用于铜合金、钢铁材料的压铸模，也可用做钛合金、耐热钢的热挤压模等，其使用寿命远高于其他各种热作模具钢。

（五）压铸模用铜合金

在压铸钢铁材料时，一般3Cr2W8V钢压铸模的表面接触温度为950~1000℃，采用热导性好的铜合金制作的压铸模，其表面接触温度可降低到600℃。随着模具型腔温度梯度的降低，可减少模具的应力和应变，能获得满意的效果。

常用的铜合金有铬锆钒铜（$w_{Cr}=0.6\%\sim0.8\%$、$w_{Zr}=0.4\%$、$w_{V}=0.4\%$，其余为 Cu）、铬锆镁铜（$w_{Cr}=0.4\%$、$w_{Zr}=0.15\%$、$w_{Mg}=0.05\%$，其余为 Cu）、钴铍铜（$w_{Co}=0.5\%\sim3\%$、$w_{Be}=0.4\%\sim2\%$，其余为 Cu）等，在 600℃ 下这些铜合金的力学性能显著高于 1000℃ 下的 3Cr2W8V 钢，模具使用寿命比 3Cr2W8V 钢提高 1.5~2 倍。用铜合金制压铸模镶块可在 980℃ 淬火后冷挤成形，然后进行时效处理，型腔的表面粗糙度值小，可以提高使用寿命。

第三节　热作模具材料及热处理工艺的选用实例

一、热锻模具钢的选用及热处理工艺

（1）热锻模具钢的性能要求与热处理　热锻模具是在高温、高压、高冲击载荷条件下工作，经常被反复加热和冷却，这就要求该模具钢应具有高的冲击韧度和断裂韧度，其 a_K 值应≥30J/cm^2，高的 K_{IC} 可阻止或延缓因裂纹扩展而导致模具的早期断裂失效。为防止热锻模发生早期磨损及变形，该模具钢还应具有较高的高温硬度和高温强度。

由于锻模的尺寸一般都比较大，这就要求锻模材料要有很高的淬透性，保证模具整个截面的力学性能均匀一致，同时要具有高的冷热疲劳抗力和耐回火性，以及良好的工艺性能和抗氧化性。

锤锻模要求的硬度和机械加工与最终热处理工序的安排视模具的大小、形状及服役条件而定。高的硬度虽然能保证有良好的耐磨性，但对冷热疲劳比较敏感，容易引起裂纹；硬度过低，容易被压下和失去工作尺寸。对于小型锻模（吨位<1t，锻模高度<250mm），因模锻件冷却比较快，提高了强度，因此需要模具的型腔具有较高的耐磨性，故硬度选在 40~44HRC 范围内，若型腔浅而简单，其硬度可选在 41~47HRC。由于硬度高了不易切削加工，所以小型锻模应在机械加工完成后进行淬火和回火。中型锻模（吨位为 1~3t，锻模高度为 250~350mm）加工的锻件尺寸较大，允许模具型腔有较低的硬度（38~41HRC），此时应该把淬火、回火放在粗、精加工的中间进行为宜。大型锻模由于锻模尺寸很大（吨位>4t，锻模高度>350mm），淬火时的应力和变形比较大，工作时应力分布不均匀，需要有较高的韧性，硬度在 35~38HRC 范围内为宜。大型锻模可以先进行粗加工，再进行淬火和回火，然后进行精加工成形，也可以在淬火和回火后再进行机加工。

锻模燕尾与模体需以不同温度回火，以保证燕尾部分的韧性，避免燕尾开裂失效。为了降低回火脆性，锻模回火后最好采用油冷。模尾回火可在专门的平板炉中进行，将燕尾向下放在平板上，保持 2.5~3.5h，然后取下空冷或油冷。也可以采用自行回火法，节省燕尾回火工艺，即将锻模回火后油冷 3~5min，把模尾提出油面，停留一段时间，使温度回升，然后再放入油中，再提出，反复 3~5 次以达到使用要求。

（2）热锻模钢的表面化学热处理　要提高热锻模的耐热疲劳性和耐磨性，延长模具寿命和保证锻件质量，其主要工作零件如上、下模必须进行表面硬化处理。在日本热锻模的表面硬化主要是离子渗氮和镀铬，在部分欧洲国家对热锻模进行粉末渗硼则很流行。

以日本的 SKD61 钢制造的热锻模为例（相当于 H13 钢），其模具零件在 550℃ 经 20h 离子渗氮与未经表面处理的相比，侧板凸模寿命延长约 1.4 倍，连接件锻模延长 1.18 倍，汽

车曲轴锻模延长2.55倍，连杆锻模延长1.39倍，前叉锻模延长2.25倍。总的来说，热锻模经离子渗氮后，在耐磨性、抗热疲劳性、脱模方便性等方面均有所改善，这都是导致模具寿命提高的原因。

俄罗斯对5XГM钢（5CrMnMo）和5XHM钢（5CrNiMo）制热锻模进行的渗硼后淬火处理，可以提高模具寿命0.5~2倍。由于锤锻模承受的冲击力较大，为降低硼化物层的崩落倾向，可以在30%SiC（质量分数）+70%硼砂（质量分数）熔融料中进行950℃、4~6h的渗硼，以获得单相的Fe_2B层（显微硬度为1520~1650HV），该层比$FeB+Fe_2B$双相层的韧性要好。但是如果提高渗硼温度和延长渗硼时间反而会增加脆断机会。

例如，某轿车的叉形轴锻件（图4-4），在锤上模锻的工步安排为：滚压→预锻→终锻。图4-5所示为其锻模图。

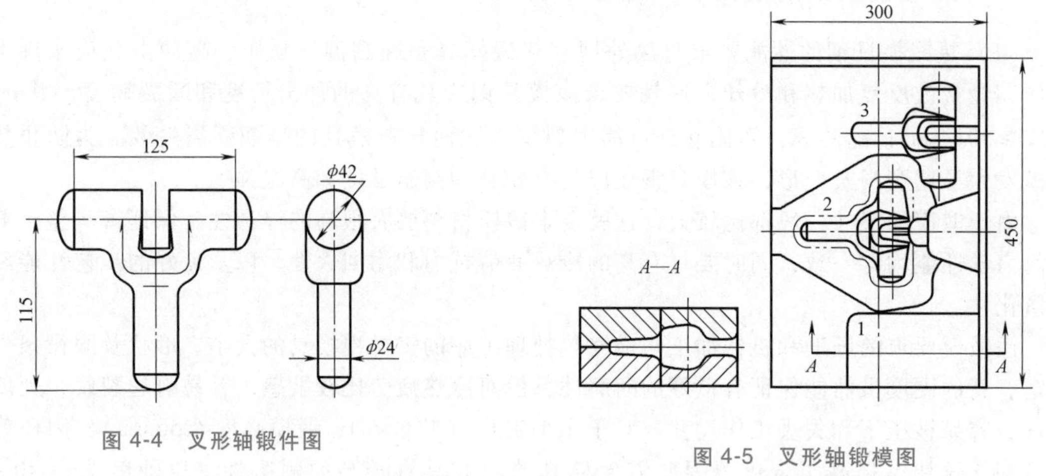

图4-4 叉形轴锻件图

图4-5 叉形轴锻模图
1—滚压模膛 2—终锻模膛 3—预锻模膛

该锻模属于小型锻模，选用4Cr5MoSiV（H11）钢制造，模面硬度要求为40~45HRC，经加工和淬火、回火后采用辉光离子渗氮，要求渗氮层深度为0.2~0.30mm。

二、热挤压模具钢的选用及表面处理工艺

热挤压模具所承受的冲击载荷比热锻模小，对冲击韧度与淬透性的要求没有热锻模具钢高。但其工作时与炽热金属接触的时间比热锻模长，工作表面温升可达800~850℃，反复加热、冷却导致的热疲劳损坏更为严重，因此要求热挤压模具材料具有更高的室温及高温硬度和热稳定性，有较高的抗氧化能力，以减缓模具磨损失效的发生。这类模具承受较高的应力，要求有更高的高温强度及耐回火性，防止模具产生塑性变形及堆塌，推迟热疲劳开裂的发生。

为提高热挤压模具的耐磨性，常用的化学热处理方法有渗碳、渗硼、离子渗氮、氮碳共渗、渗金属及复合渗等方法。

（1）硼氮复合渗 3Cr2W8V钢热挤压凸模先经570℃加热、保温3h离子软渗氮，再加热到900℃保温5h渗硼，随炉升温到1040℃保温2h后油淬，550℃下2h回火三次后，平均寿命可提高到0.7万~1万件，最高可达4.15万件。该热挤压凸模若未经表面处理，仅能够挤压0.1万~0.2万件，只经渗硼、淬火处理，也可以获得高硬度、高耐磨的表面层，使模具寿命提高

1~2倍，达0.3~0.4万件。但渗硼层较脆，易剥落，如有氮的渗入，则可增加渗层深度，降低渗层脆性，强化过渡层，增强对表面渗硼层的支撑作用，避免渗硼层的剥落。

（2）渗金属与离子渗氮的复合渗　前苏联针对3X2B8Φ（3Cr2W8V）钢和4X5B2ΦC（4Cr5W2VSi）钢经过1050℃铬钒共渗5h后，连同装试样的密封容器一起空冷，然后重新加热到850~920℃油冷淬火，再经520~540℃、18h离子渗氮，540℃、6h退火处理后，获得12~20μm的碳氮化合物。渗层由三层组成，分别为MN（1530~1680HV）、M_2（N、C）（1450HV）、扩散层$\alpha+M_7C_3$（850~970HV）。经复合处理后钢的耐磨性大为提高，由于渗入了钒，提高了抗氧化性能，也使模具寿命提高1~2倍。

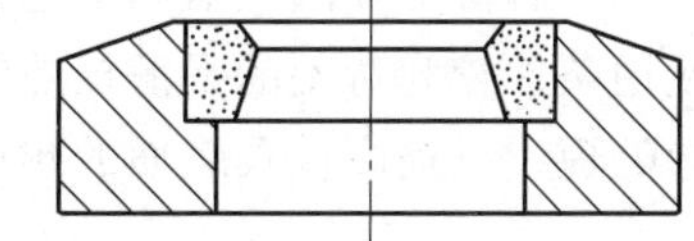
图4-6　铝合金连续挤压模的凸模

例如，某厂进口的ϕ350mm单轮双槽径向连续挤压机，用来生产3A21（原LF21）铝合金的ϕ15.88mm×0.9mm薄壁圆管。铝合金连续挤压模的凸模如图4-6所示，选用4Cr5MoSiV1(H13)钢制造，经800℃退火，1020~1050℃分级淬火后经600℃回火，硬度为42~47HRC，再进行硼氮复合渗。

三、热切边模、热镦模用钢及热处理工艺

（1）热切边模具用钢及热处理　热切边模用于将锻制成形的毛坯切去飞边。工作时，凸模压住锻件，由凹模切去锻坯的飞边。因凸模磨损并不严重，故要求硬度不必过高，有35~40HRC即可；凹模要求硬度较高，应为43~45HRC，以保证其耐磨性。凹模有整体式及组合式两种。整体式凹模适用于中、小型或简单的切边模；组合式凹模由两块或多块镶块组成，制造工艺简单易行，热处理变形小，不易淬火开裂，也便于调整、更换及修复使用，特别适用于大型及形状复杂的切边模。

切边模在服役过程中要承受一定的冲击载荷，在剪切过程中，凹模刃口与毛坯相互摩擦，易使刃口磨损变钝，还会受热而升温。这就要求热切边模材料应具有高的耐磨性、硬度及热硬性，一定的强韧性以及良好的工艺性能。常用的热切边凹模材料有8Cr3、7Cr3、4CrW2Si和5CrNiMo、5CrMnMo等；常用的热切边凸模材料有8Cr3和7Cr3，其中以8Cr3钢应用最广。

8Cr3钢的退火工艺为加热温度780~800℃炉冷，硬度≤255HBW；淬火及回火工艺为淬火温度820~840℃，油冷到150~200℃出油，立即回火，回火温度为470~520℃，可满足凹、凸模的性能要求。

切边凹模的刃口容易磨损，为提高其耐磨性，可在刃口部位堆焊一层高耐磨、高热强的材料，也可以用等离子弧喷焊或激光熔覆一层合金粉，有钴基、镍基、铁基三种。常用的为钴基合金粉末WF111，其化学成分为：w_C = 0.8%~1.2%、w_{Cr} = 25%~30%、w_W = 3.5%~4.5%、w_B = 1.8%~2.2%、w_{Si} = 0.8%~1.2%、w_{Fe}≤5%，其余为Co。由于WF111的高温性能好，因此可将切边凹模刃口的使用寿命提高5~10倍以上。

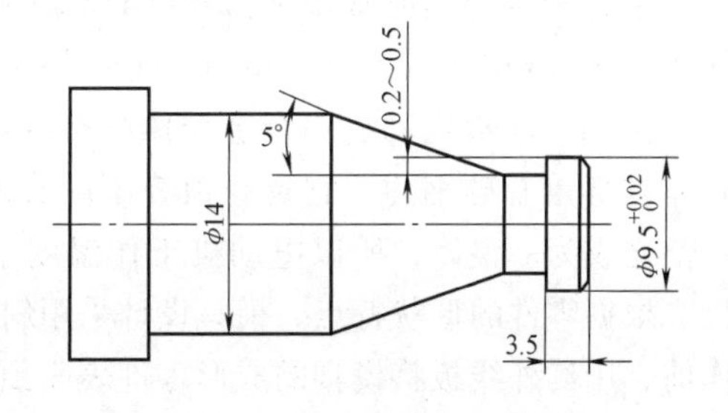

图4-7　汽车行星齿轮热切边模

图4-7所示为汽车行星齿轮热切边模，原用8Cr3钢整体结构制造，刃口易发生早期变形及磨

损，模具寿命仅为0.3~0.4万件；改用镶套结构后，将压制烧结成形的YG20硬质合金刃口镶块，经精磨后镶在模体内，耐磨性显著提高，模具寿命可提高到10万件以上。

（2）热镦模具用钢及热处理工艺　有些端部需要局部镦粗成形的杆状零件，可采用热镦工艺，热镦的频率根据被镦锻件的形状和所用设备不同，选择30~60次/min不等。对于镦锻模具用钢的性能要求，既要有较高的热强性和韧性，又要有较好的耐磨性，以防止过早产生热磨损和堆塌变形，上一节介绍的高耐热热作模具钢，如HM1、012Al、GR、HM3以及3Cr2W8V钢等，都可用作热镦模具。

汽车后桥半轴法兰盘的锻造终成形凹模，原用3Cr2W8V钢制造，使用寿命为2000件；对使用条件较为苛刻的平锻机热镦模采用3Cr3Mo3VNb（HM3）钢制造，并可进行离子氮碳共渗处理，以提高模具表面的耐磨性和抗黏着能力，使用寿命超过4000~6000件。

四、压铸模材料及热处理工艺

金属压铸是机械化程度和生产效率都很高的生产方法之一，是先进的少无、切削工艺。压铸生产可以将熔化的金属液直接压铸成各种结构复杂、尺寸精确、表面光洁、组织致密以及用其他方法难以加工的零件，如薄壁、小孔、凸缘、花纹、齿轮、螺纹、字体以及镶衬组合等零件。近年来，压铸成形已广泛应用于汽车、拖拉机、仪器仪表、航海航空、电机制造、日用五金等行业。

压铸模是在高的压应力（30~150MPa）下将400~1600℃的熔融金属压铸成形。在成形过程中，模具周期性地与炽热的金属液相接触，反复经受加热和冷却作用，且受到高速喷入金属液的冲刷和腐蚀。因此，压铸模材料要求具有较高的热疲劳抗力、热导性及良好的耐磨性、耐蚀性、高温力学性能等。压铸模的选材，主要根据浇注金属的温度及种类而定。

（1）锌合金压铸模　锌合金的熔点为400~430℃，锌合金压铸模型腔的表层温度不会超过400℃。由于工作温度低，也可以采用合金结构钢40Cr、30CrMnSi、40CrMo淬火后中温（400~430℃）回火处理，模具寿命可达20~30万次；甚至可采用低碳钢经中温氮碳共渗、淬火、低温回火处理，使用效果也很好。常用的模具钢有5CrMnMo、CrWMn钢等，经淬火、400℃回火后，寿命可达100万次。

（2）铝合金压铸模　铝合金压铸模的服役条件较为苛刻，铝合金液的温度通常为650~700℃，并以40~180m/s的速度压入模具型腔，在20~120MPa压力下保压5~20s，每次压射间隔为20~75s。模具型腔表面受到高温高速铝液的反复冲刷，因此会产生较大的应力。铝合金压铸模的寿命取决于两个因素，即是否发生黏模和型腔表面是否因热疲劳而出现龟裂。

铝合金压铸模的常用钢为：4Cr5MoSiV1（H13）、4Cr5MoSiV（H11）、3Cr2W8V及新钢种4Cr5Mo2MnVSi（Y10）和3Cr3Mo3VNb（HM3）等。

例如，起重电动机铝合金壳体的挤压铸造。图4-8所示为PK系列3P/13型电动机壳体，壳体内部镶有硅钢片，它是经预叠压后放入模具再挤压铸造成形的。由于合金收缩包紧硅钢片使之成为一整体，所以电动机工作温度小，散热条件好，起重扭矩大，是一种节能型电动机。根据零件的形状特点，模具设计采用斜销抽芯四开模，其模具结构如图4-9所示。模具工作前，用红外线板将模具的成形零件表面预热到100~120℃，将熔炼好的铝合金液浇注到由定模块和压头组成的压铸室中。模块材料采用4Cr5MoSiV1（H13）、模体材料采用45钢制造。

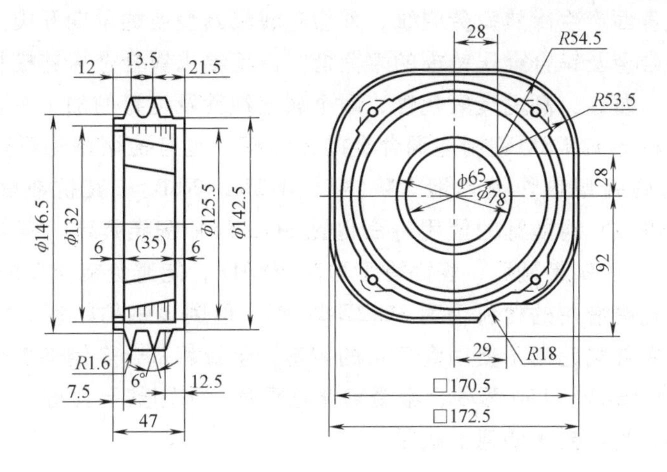

图 4-8　电动机壳体

铝合金压铸模的模块制造工艺流程是：锻造→球化退火→粗加工→精加工→淬火、回火→钳修→抛光→离子渗氮（或离子氮碳共渗）→装配。经渗氮处理过的铝合金压铸模，无黏附、剥落、擦伤及腐蚀现象，压铸千余次后，表面仍光洁完好如初，脱模顺利。在使用过程中若间隔进行 2~3 次离子渗氮，可再延长 50%的使用寿命。

日本采用硼氮共渗法将铝合金压铸模工件放在真空度为 13. 3Pa 的炉子内，通入氮气、氢化硼和氢气至 1.33×10^3Pa，气体体积比例为 $N_2 : B_2H_6 : H_2 = 20 : 10 : 70$，以工件为阴极，炉子为阳极，辉光放电共渗 800℃、2h。经此工艺处理后，因为氮与硼向工件表面扩散，形成氮化硼渗层，具有良好的耐烧伤性，没有铝合金黏附现象，使用寿命可提高 4 倍。

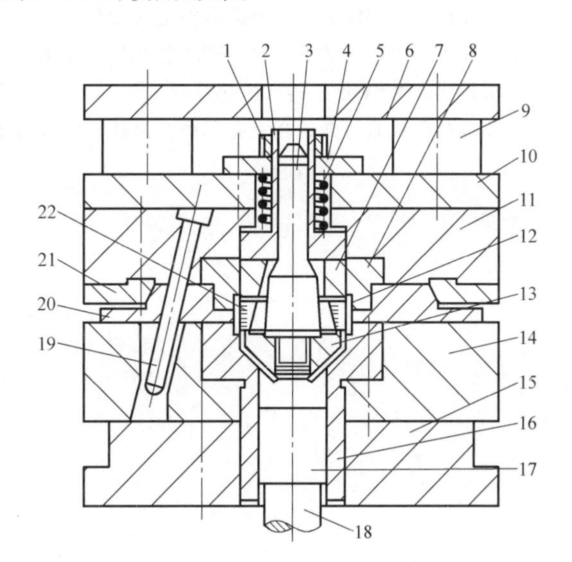

图 4-9　电动机壳体的压铸模结构

1—小圆螺母　2—轴套　3—假轴　4—盖板　5—弹簧　6—压板　7—压环　8—动模块　9—压柱　10—动模盖板　11—动模板　12—电动机壳体　13—分流锥　14—定模板　15—定模座　16—定模块　17—压头　18—顶杆　19—斜销　20—滑块　21—楔块　22—壳体芯片

（3）铜合金和黑色金属压铸模　高熔点金属压铸模的工作条件极为苛刻。铜液温度通常高达 870~940℃，以 0. 3~4. 5m/s 的速度压入铜合金压铸模型腔，压力为 20~120MPa，保压时间仅为 4~6s，每次压射的间隔为 15~35s。而钢的熔点为 1450~1540℃，使钢铁材料压铸模的工作温度高达1000℃，致使模具型腔表面受到严重的氧化、腐蚀及冲刷，模具寿命很低。模具一般只压铸几十件或几百件即产生严重的塑性变形和网状裂纹而失效。

由于铜液温度较高，且热导性极好，工件传递给模具的热量多且快，常使模具型腔在极短时间内即可升到较高温度，然后又很快降温，产生很大的热应力。这种热应力的反复作用，促使模具型腔表面产生冷热疲劳裂纹，并会造成模具型腔的早期开裂。因此，铜合金压铸模的寿命远比铝合金及锌合金压铸模的寿命低。因而要求铜合金压铸模材料具有高的热强性、热导性、韧性、塑性，高的抗氧化性、耐金属侵蚀性及良好的加工工艺性能。

国内仍大量采用3Cr2W8V钢制造铜合金的压铸模，也有的用铬钼系热作模具钢。近年来，我国研制成功的新型热作模具钢Y4（4Cr3Mo2MnVNbB），其抗热疲劳性能明显优于3Cr2W8V钢；3Cr3Mo3V钢模具的使用寿命也比3Cr2W8V钢模具高。铜合金压铸模可进行离子渗氮表面处理，Y4钢渗氮后，表面硬度可达990HV，能避免铜合金的黏模现象。

钢铁材料的压铸模常用的材料仍为3Cr2W8V钢，但因该钢的热疲劳抗力差，因此使用寿命很低。目前国内外均趋向于使用高熔点的钼基合金及钨基合金制造铜合金及黑色金属压铸模，其中TZM及Anviloy1150两种合金受到普遍重视。采用热导性好的合金，如铜合金制造黑色金属压铸模，也收到了满意的效果。

习题与思考题

1. 热作模具钢是怎样分类的？写出常用热作模具材料的牌号。
2. 简述热作模具的工作条件及性能要求。
3. 影响热作模具材料热疲劳性能的因素有哪些？
4. 热作模具钢的化学成分有什么特点？
5. 热作模具材料的选用应考虑哪些主要因素？
6. 试述5CrNiMo钢热锻模热处理工艺及注意事项，热锻模燕尾可采用哪些方法处理？
7. 试述3Cr2W8V钢压铸模的热处理工艺。
8. 影响热作模具寿命的因素有哪些？提高热作模具寿命的措施有哪些？

第五章 5 塑料模具材料及热处理

由于塑料模具的迅猛发展，带动了塑料模具材料的快速发展，主要表现在全球范围内塑料模具材料的开发加快、品种迅速增加，目前塑料模具材料仍然以钢材为主。随着高性能塑料的开发和生产规模的不断扩大，塑料制品的种类日益增多，并向精密化、大型化和复杂化发展，使塑料模具的工作条件愈加复杂和苛刻，对塑料模具材料的性能要求也在不断提高。因此，了解其服役条件、失效特点和性能要求，合理地选择塑料模具材料及热处理工艺，对保证模具质量、提高模具使用寿命和降低生产成本具有重要作用。

第一节　塑料模具材料的主要性能要求

塑料模具材料的选择，应从对塑料模具材料的性能分析开始，而塑料模具对其材料的性能要求应根据模具的工作条件、失效特点以及尺寸、形状等因素提出。塑料模具材料应具有的性能主要包括使用性能和工艺性能两个方面。

一、塑料模具材料的使用性能要求

(1) 较高的硬度、耐磨性和耐蚀性　塑料模具材料在硬度、耐磨性和耐蚀性上的要求，主要取决于塑料本身的性质和塑料制品的表面质量要求。硬度是模具材料的主要性能指标，为了使模具在应力作用下能够正常工作，可通过选择合适的模具材料，并进行适当的热处理，使塑料模具获得所需的硬度。塑料模具的硬度一般为38~55HRC。形状简单、抛光性能要求高的塑料模具，其硬度可以高一些，反之硬度可以低一些。

耐磨性是塑料模具的基本性能之一。由于塑料模具在工作中会受到塑料填充和流动的压应力及摩擦力作用，所以塑料模具材料必须具有较高的耐磨性，使其在正常工作条件下能保持尺寸和形状不变，并保证其具有足够的使用寿命。成型硬性塑料或含有玻璃纤维增强塑料的塑料模具，对模具材料的耐磨性要求则更高。

塑料模具的磨损方式主要为磨粒磨损，其次为黏着磨损、腐蚀磨损和疲劳磨损。在不同类型的磨损过程中，模具材料耐磨性的意义和影响因素则有所不同。在磨粒磨损的条件下，影响塑料模具耐磨性的因素比较复杂，一般情况下，模具的磨粒磨损主要决定于材料的硬度，硬度越高，则模具的磨粒磨损抗力越高。

对于不同的钢种，即使硬度相同，其磨粒磨损抗力也可能不同，原因是钢中碳化物的种类、尺寸、数量和分布状况等对塑料模具的耐磨性都有一定的影响。其中碳化物种类和数量的影响尤为显著，特别是那些硬度高、颗粒大的碳化物对于提高塑料模具钢的耐磨性十分有效。各种碳化物的硬度见表5-1。

表5-1　各种碳化物的硬度

碳化物种类	硬度 HV	碳化物种类	硬度 HV	碳化物种类	硬度 HV
Fe_3C	1150~1340	MoC	2250	Mo_2C	1800~2200
$(Cr、Fe)_{23}C_6$	1000~1520	VC	2500~2800	M_6C	1600~2300
$(Cr、Fe)_7C_3$	1820	NbC	2400	MC	2250~3200
M_2C	1800~3200	M_3C	1150~1760	WC	2400~2740
W_2C	3000	$M_{23}C_6$	1000~1800	TiC	3200
Fe_4Mo_2C	1570	M_7C_3	1800~2800	ZrC	2600

磨粒磨损抗力还与碳化物的分布状态有关，当塑料模具材料的显微组织中出现网状碳化物或碳化物沿晶界析出时，都将使其耐磨性下降。当被加工塑料中含有硬质填料时，对模具材料硬度、耐磨性的要求将进一步提高。除非是在严重的腐蚀磨损条件下，否则提高模具材料的硬度总是有利于提高其耐磨性。

当塑料成型过程中有腐蚀性物质析出时，要求模具材料具有较好的耐蚀性。如热固性塑料中一般含有固体填料，且在交联反应过程中，时常会有腐蚀性化学气体等物质释放，因此要求模具材料应同时具有较高的耐磨性和耐蚀性。

当塑料制品表面质量要求很高时，模具型腔表面轻微的损伤就足以导致模具的失效，这对模具材料的耐蚀性和耐磨性提出了更高的要求。

（2）较高的强度、韧性和疲劳强度　塑料模具材料的这些性能主要取决于模具的工作压力、工作频率和冲击载荷等服役条件，以及模具本身的尺寸和模具型腔的复杂程度。

塑料注射成型的压力通常在39~196MPa之间，闭模压力一般为注射压力的1.5~2倍，有时可达4倍左右。为使塑料模具在使用过程中不发生变形，模具材料应具有一定的强度，以及强度与硬度之间的良好配合。

模具材料的强度指标有抗拉强度（R_m）、屈服强度（R_{eL}或$R_{p0.2}$）、抗压强度（R_{mc}）和抗弯强度（σ_{bb}）等，这些指标可通过不同的试验方法进行测定。对于塑性较好的模具钢通常测定其抗拉强度（包括屈服强度），对于脆性较大的高强度钢，由于抗拉强度比较分散，因而通常测定其抗弯强度。

韧性和疲劳强度是保证模具在工作过程中不发生过早开裂的重要性能指标。移动式压缩模或注射模经常受到冲击或碰撞，尤其是尺寸较大、形状复杂的塑料模具，其应力状态复杂且应力集中较大，要求材料有较高的韧性。而注射模的工作频率较高，要求材料具有较高的疲劳强度。

（3）耐热性　随着高速成型机械的出现，塑料制品的生产速度越来越高，这就决定了塑料模具势必在200~350℃的温度范围内服役。若塑料流动性不好，在高速成型时，模具型腔的局部区域温度在较短时间内会超过400℃。当模具的工作温度较高时，模具型腔的局部表面在压力和高温的共同作用下，可能产生回火软化并且产生塑性变形，或由于模具型腔表面的回火转变产生拉应力，加之交变热载荷的作用使其产生热疲劳裂纹。因此，要求模具材料应该具有良好的耐热性，使塑料模具材料在高温服役条件下，基体组织不发生变化，强度不降低，以防止模具的变形甚至开裂。

塑料模具材料的耐热性应从高温强度和抗氧化性两个方面加以讨论，关键是模具材料的高温强度，即一定的热强性和热疲劳抗力。一般说来，400℃以下的服役温度，塑料模具钢的强度下降不大，因此，塑料模具钢的耐热性满足其高温服役条件。塑料模具用铜合金和铝合金的热导率远强于塑料模具钢，在同等服役条件下，铜合金和铝合金制造的塑料模具，其工作温度会低于钢制塑料模具，因此，一般不会因高温强度不足而失效。锌合金的高温强度，尤其是高温蠕变强度很低，因此，利用锌合金制造塑料模具，应重视其服役温度，当温度高于100℃时，模具可能会因高温蠕变而失效。

(4) 尺寸稳定性　为保证塑料制品的成型精度，塑料模具在长期服役过程中的尺寸稳定性至关重要。为此，塑料模具除应具有足够的刚度外，还要求塑料模具材料具有较低的热膨胀系数和稳定的组织。几种塑料模具材料的热膨胀系数 α 见表5-2。

表5-2　几种塑料模具材料的热膨胀系数 α

材料牌号	45	55	P20	18Ni	QBe2	Zn-22Al	ZAlSi7Mg	7A09
温度范围/℃	20~400	20~400	20~400	—	20~300	20~300	20~300	20~200
$\alpha/10^{-6}K^{-1}$	13.1	13.4	13.7	10.0	17.6	24.2	24.5	24.0

由表5-2可见，钢的热膨胀系数较小，其中最小的是18Ni类马氏体时效钢，铜合金次之，铝合金和锌合金的热膨胀系数最大。淬火高硬钢中的残留奥氏体，在长期服役过程中会因发生马氏体相变而变形，应该在淬火、回火后进行深冷处理，目的是尽量减少甚至消除钢中的残留奥氏体。

(5) 热导性　由于高速注射成型塑料制品的需要，塑料模具材料应具有良好的热导性，以使塑料制品尽快在模具中冷却成型。几种塑料模具材料的热导率 λ 见表5-3。

表5-3　几种塑料模具材料的热导率 λ

材料牌号	45	55	T10	18Ni	ZAlSi7Mg	7A09	QBe2	ZCuCr1
温度/℃	100	100	100	100	100	100	—	—
λ/[W/(m·K)]	77.5	50.7	44.0	20.9	155	142	104.7	312

由表5-3可见，材料的热导性主要与材料种类有关，在所列材料中ZCuCr1的热导性最好，铝合金次之，钢的热导性最差。

二、塑料模具材料的工艺性能要求

(1) 切削加工性和表面抛光性　塑料模具材料应具有良好的切削加工性和表面抛光性。特别是塑料制品形状复杂、表面质量要求很高或有精细花纹图案时，要求模具材料便于切削、宜于抛光，且有良好的光刻蚀性能。部分塑料模具需要进行预硬处理，即切削成形前预先进行热处理，使模具材料达到35~45HRC的硬度要求，切削成形后不再进行热处理，以保证塑料模具的尺寸精度和表面粗糙度。这就要求模具材料在较高硬度的状态下，仍具有良好的切削加工性。模具材料的成分、组织、力学性能和加工硬化特性等，都会影响其切削加工性。一般情况下，硬度对材料的切削加工性影响最大，硬度过高或过低都会使切削加工性变坏，尤其是经过淬火加低温回火的高硬度模具钢，切削加工十分困难。为了改善模具钢的切削加工性，可向钢中加入S、Pb、Ca、Se等合金元素，得到易切削型塑料模具钢。

塑料模具材料的抛光性和光刻蚀性，对材料的冶金质量要求很高，如非金属夹杂物少，组织均匀细致，硬度较高且均匀等。

（2）塑性加工性　塑料模具的塑性加工主要分为冷塑性变形加工和超塑性变形加工。

对于型腔尺寸不大的多腔模具，可以采用塑性加工方法成形。目前，在塑料模具加工中比较常用的塑性加工方法是冷挤压成形，即在材料再结晶温度以下进行挤压成形。在设计此类模具时需选用变形加工性能好的材料，即材料塑性好、变形抗力低、硬度低于135HBW。因此，材料在冷挤压成形之前，通常要进行旨在降低硬度、细化晶粒和消除应力的退火处理，如球化退火。

塑料成型模具的加工制造费用较高，一般占总成本的75%左右，而材料费用和热处理费用各占10%左右。因此比较重要的塑料模具，在保证使用性能的前提下，应优先选用工艺性能好的材料。

超塑性是金属材料通过超塑性处理所表现出的超常规的塑性变形能力。如钢获得超塑性以后，其伸长率在一定变形条件下甚至可达到200%。利用金属的超塑性热成形模具是近年来的一种模具制造新工艺，具有制作成本低和生产周期短的特点。大致工艺步骤是先将材料通过轧制、反复淬火、热机械处理以及固溶处理、时效处理，然后在超塑性变形温度下缓慢将材料挤压成模具。

（3）电加工性　电火花、线切割是目前塑料模具加工中常用的两种电加工方法，可用来制造各种几何形状比较复杂的模具型腔。但要注意，经过此类加工的模具表面，会因放电烧蚀而产生一个不正常的硬化层，对塑料成型和模具的使用寿命有不利影响。

（4）热处理工艺性　塑料模具的高精度，要求模具材料的热处理工艺简单，变形小。模具零件对热处理工艺性的要求包括脱碳敏感性、淬火应力与淬火开裂倾向、淬透性、淬硬性和热处理变形等方面。这些性能对塑料模具的力学性能与塑料制品的成型质量影响很大。

（5）表面处理工艺性　对于耐磨、耐蚀的塑料模具，要求材料能够采用表面处理工艺，改善其表面的相应性能，并且不会对模具的整体性能带来不利影响。对塑料模具型腔表面的处理包括镀铬、渗碳、渗氮、碳氮共渗等表面处理工艺。对模具型腔进行强化处理，也可以提高塑料模具的使用寿命。

（6）表面刻蚀性能和镜面加工性能　出于塑料制品的使用要求，或为掩饰制品表面某些不可避免的成型缺陷，模具型腔表面有时需要雕刻花纹、图案、文字等标记。因此对这类塑料模具的选材，一定要使其具有良好的表面刻蚀性能，通常包括刻蚀加工方便容易，刻蚀后不发生变形和裂纹两个方面。

塑料模具材料的镜面加工性能也是一个重要的性能指标。透明塑料制品在许多领域应用广泛。由于此类制品透明度要求不断提高，对其模具成型面的镜面加工性要求随之提高，尤其是透明塑料仪表面板和各类光学镜片的成型模具，其表面粗糙度 Ra 值要求小于0.4μm，以保证塑件的外观质量，并便于脱模。

影响模具材料镜面加工的主要因素包括：

1）钢中存在的三氧化二铝和硅酸盐等硬质非金属夹杂物，以及碳化物的数量、尺寸和分布。这些第二相硬质点的数量越多，其镜面加工性越差。非金属夹杂物的危害比碳化物还大，因此，塑料模具钢大多为超纯净钢。

2）模具钢的基体硬度。通常模具钢的基体硬度越高，其镜面加工性能越好，因为硬度不高将使抛光产生磨痕。

3）模具钢的组织均匀性。组织均匀性越好，镜面加工性能越好。

（7）焊接性　塑料模具由于结构设计的更改，使用中磨损或开裂的修复，常常要对其进行补焊或堆焊作业。因此需要其具有一定的焊接性能。虽然模具钢的碳当量一般相对较高，但在其中选择塑料模具材料时，也必须对其提出一定的焊接性能要求，即在预热、缓冷等条件的支持下，完成补焊或堆焊工序。

总之，塑料模具对材料的性能要求，要考虑从模具的加工到使用的诸多方面，对塑料模具选材时所做出的性能要求，要综合分析其使用性能和工艺性能，避免片面性。

第二节　塑料模具材料及热处理

目前塑料模具材料已逐渐形成了较为独立的体系，旨在制造塑料模具的新型材料正相继被研制和开发出来。塑料模具材料体系的主要组成是塑料模具钢，它涉及了从结构钢到工具钢，从碳素钢到合金钢的许多钢种。

依据其强化方式或服役特性等因素，可将塑料模具材料大体分为渗碳型塑料模具钢、预硬型塑料模具钢、整体淬硬型塑料模具钢、耐蚀型塑料模具钢、时效硬化型塑料模具钢以及其他类型模具材料六大类。

塑料模具在制造过程中必须进行适当的热处理，以利于其工艺性能的改善，更主要的是为保证所应具有的使用性能。塑料模具材料的热处理技术要求具有如下特点：

1）适中的硬度和良好的韧性。不同类型的塑料模具，根据其具体的服役条件应具有不同的硬度。不同类型塑料模具的工作硬度见表 5-4。

表 5-4　不同类型塑料模具的工作硬度

模具类型	模具用钢	工作硬度	说明
形状简单，压制加有无机填料的热固性塑料模具	Cr12MoV 或 5CrW2Si 等	56~60HRC	在高压力作用下要求耐磨性好
形状简单的小型高寿命塑料模具	9Mn2V、Cr2 等	54~58HRC	在保证较高耐磨性的同时，具有良好的强韧性
形状复杂，精度高的淬火微变形塑料模具	T7A、T10A 等	45~50HRC	用于易折断的部件（如型芯）
软质塑料注射模具	T7A、T10A、3Cr2Mo 等	280~320HBW	无填充剂的软质塑料

2）确保淬火变形微小。塑料模具的尺寸精度直接关系到塑料制品的尺寸精度。由碳素工具钢、量具刃具钢和渗碳钢制作的三种塑料模具所允许的淬火变形参考值见表 5-5。

3）模具在热处理时，应特别注意对型腔表面的保护，防止其产生各种热处理缺陷。

4）热固性塑料模具长期在受热、受压条件下工作，热处理后应具有较高的抗塌陷能力。

表 5-5 塑料模具允许淬火变形参考值

模具尺寸/mm	允许变形量/mm		
	碳素工具钢	量具刃具钢	渗碳钢 12CrNi3A
260~400	+0.20~-0.30	+0.15~-0.20	+0.15~-0.08
110~250	+0.15~-0.20	+0.10~-0.15	+0.10~-0.05
≤100	±0.10	±0.06	±0.04

不同类型的塑料模具材料，在成分、性能和热处理工艺方面各具特点，因此依据模具的具体服役情况，科学地选择塑料模具材料和制订相应的热处理工艺十分重要。

一、渗碳型塑料模具钢及热处理

渗碳型塑料模具钢包括碳素渗碳钢和合金渗碳钢。

渗碳钢可以充分地适应塑料模具的使用要求。此类钢经过相应的热处理，可使其模具型腔表面具有高的硬度和耐磨性，而中心部位具有较好的强韧性。渗碳钢中碳的质量分数一般在0.1%~0.25%范围内，退火后硬度较低，具有良好的切削加工性能，也可以采用冷挤压成形法制造模具。经渗碳处理后，模具型腔表面获得高硬度和高耐磨的使用性能，同时也保证了较好的抛光性能。

10、20钢是成分最简单、价格最便宜的渗碳钢。渗碳后虽然表面具有高的硬度和耐磨性，但由于淬透性较差，模具淬火后的内部强度仍然很低，故只适宜制造一些承受载荷较小、强度指标要求不高的塑料模具。对于由渗碳钢制成的截面大、承受载荷大的塑料模具，必须根据实际的使用性能要求，分别采用不同淬透性级别的合金渗碳钢制造，常用的合金渗碳钢牌号有20Cr、12CrNi2、12CrNi3、12CrNi4和20Cr2Ni4等。常用渗碳型塑料模具钢的化学成分见表5-6。

表 5-6 常用渗碳型塑料模具钢的化学成分

国家	钢牌号	化学成分（%）					
		w_C	w_{Si}	w_{Mn}	w_{Cr}	w_{Ni}	w_{Mo}
中国	10	0.07~0.14	0.17~0.37	0.35~0.65	≤0.15	≤0.25	
	20	0.17~0.24	0.17~0.37	0.35~0.65	≤0.25	≤0.25	
	20Cr	0.17~0.24	0.20~0.40	0.50~0.80	0.70~1.00		
	12CrNi2	0.11~0.17	0.20~0.40	0.30~0.60	0.60~0.90	1.50~2.00	
	12CrNi3	0.11~0.17	0.20~0.40	0.30~0.60	0.60~0.90	2.75~3.25	
	20CrMnTi	0.19~0.24	0.20~0.40	0.80~1.10	1.00~1.30		
	20Cr2Ni4	0.17~0.24	0.20~0.40	0.30~0.60	1.25~1.75	3.25~3.75	
美国	P2	≤0.10	0.10~0.40	0.10~0.40	0.75~1.25	0.10~0.50	0.15~0.40
	P3	≤0.10	≤0.40	0.20~0.60	0.40~0.75	1.00~1.50	
	P4	≤0.12	0.10~0.40	0.20~0.60	4.00~5.25		0.40~1.00
	P5	≤0.10	≤0.25	0.20~0.60	2.00~2.25	≤0.35	
	P6	0.05~0.15	0.10~0.40	0.35~0.70	1.25~1.75	3.25~3.75	

合金渗碳钢的淬透性较高，淬火时可采用较缓和的冷却介质，从而减小模具的热处理变形。随着钢中碳含量及合金元素含量的提高，钢的淬透性将显著提高。

渗碳型塑料模具钢的热处理为渗碳、淬火和低温回火。通过热处理不仅使模具获得较高的强度，而且也获得一定的塑性和韧性，保证模具的使用性能，有效地提高模具的使用寿命。

在工艺操作上，渗碳以后一般应首先缓冷，然后进行一次淬火。淬火温度应根据需要进行选择，通常控制在810~850℃的温度区间内，使模具表面和心部组织同时得到改善。常用渗碳型塑料模具钢的临界点见表5-7。

表5-7　常用渗碳型塑料模具钢的临界点　（单位：℃）

钢牌号	Ac_1	Ac_3	Ar_1	Ar_3
20Cr	765	836	702	799
12CrNi2	715~735	830~850	670	—
12CrNi3	720	810	600	715
12CrNi4	720	800	605	675
20Cr2Ni4	685~705	765~775	580~585	630~640

对于性能要求较高的塑料模具，可采用二次淬火。第一次淬火的目的在于细化心部组织，并消除渗碳层中的网状碳化物。为了减小零件的变形，第一次淬火不仅可以在油中进行冷却，有时甚至可用正火代替。经第一次淬火后，虽然模具心部组织得到改善，但是渗碳层马氏体晶粒较粗大，因而脆性较大，必须以较低的加热温度（通常为760~830℃）进行第二次淬火，以细化渗碳层中的马氏体晶粒，获得渗碳层组织为隐晶马氏体以及均匀分布的细粒状碳化物。但是，二次淬火会增加模具加热时的氧化、脱碳及变形等缺陷，而且生产周期较长，一般不常采用。

对于合金元素含量较高的渗碳钢（如20Cr2Ni4等），若在渗碳后直接淬火，其渗碳层中往往含有大量的残留奥氏体，致使模具表面的硬度不足。为了减少残留奥氏体含量，常在渗碳空冷之后、淬火以前进行一次高温回火，在高温回火保温中，残留奥氏体中的碳及碳化物形成元素（如铬等）通过扩散，以碳化物的形式析出并聚集，致使残留奥氏体的合金化程度和含量降低，马氏体开始转变温度（*Ms*）提高。在冷却过程中，残留奥氏体发生转变，使其含量减少。在随后的淬火加热和保温阶段，碳化物只有少部分重新溶入奥氏体中，所以奥氏体的合金化程度和碳含量仍不高。总之*Ms*点的提高，使淬火冷却后的残留奥氏体量大为减少，从而提高了渗碳型塑料模具型腔的表面硬度，减小了热处理变形。

淬火后的回火工艺关键是温度的控制。根据塑料模具的使用条件，通常采用200℃左右的低温回火。

二、预硬型塑料模具钢及热处理

预硬型塑料模具钢分为调质预硬型塑料模具钢和易切削预硬型塑料模具钢两类。

预硬型塑料模具钢是为避免大、中型精密塑料模具热处理后的变形，保证模具的精度和使用性能而开发的一种塑料模具材料。预先进行调质处理，硬度为30~40HRC，切削加工成形后不再进行热处理而直接使用，从而避免了由于热处理而引起的模具变形和裂纹问题。主要用于制造型腔复杂、精密、使用寿命要求长的大、中型塑料模具。

此类钢一般为中碳碳素钢和中碳低合金钢，碳的质量分数一般在0.35%~0.65%之间，并含有一定量的Cr、Mn、V等合金元素，以保证其具有较高的淬透性。经过淬火加高温回火的调质预硬处理后，可获得均匀的组织和所需要的硬度。

目前，国内对于生产批量不大、没有特殊性能要求的小型塑料模具，常采用价格低、来源广、可加工性好的调质型碳素塑料模具钢，现已纳入国家标准的有SM45、SM48、SM50、SM53和SM55。与优质碳素结构钢相比，此类钢的碳含量范围较小，钢中的有害杂质元素S、P含量相对较低，钢的纯度较好，可加工性好，经调质处理后具有良好的综合力学性能，价格便宜，一般以热轧、热锻或正火状态的圆钢、扁钢、厚钢板、模块等形式供货。

4Cr5MoSiV1是一种典型的调质预硬型塑料模具钢，与其他调质预硬型塑料模具钢相比还有较高的耐热性，适用于聚甲醛、聚酰胺树脂制品的注射成型模具，预硬后的硬度为45~50HRC。3Cr2Mo（简称P20）是国内较早开发的预硬型塑料模具钢，加工时一般先进行预硬处理，即先经850~880℃淬火、580~640℃回火，硬度可达28~35HRC，然后再进行切削加工。该钢适用于制造大、中型精密塑料模具，如电视机、洗衣机壳体等塑料模具，并已得到了广泛应用。

调质预硬型塑料模具钢的使用硬度一般为30~42HRC，但在较高硬度区间（36~42HRC）时，切削加工性能较差。为改善其切削加工性能，减少机械加工工时、延长刀具寿命、降低模具成本，国内外研制开发了一些易切削预硬型塑料模具钢。此类塑料模具钢是在调质预硬型塑料模具钢中加入S、Se、Ca等易切削元素研制而成的。如日本在DKA（相当于SKD61）钢中加入0.10%~0.15%（质量分数）的Se，调质后的硬度为39~43HRC，并具有良好的切削加工性能，适合制造尺寸精度要求高的大型塑料模具。

5CrNiMnMoSCa（简称5NiSCa）、8Cr2MnWMoVS（简称8Cr2S）、40CrMnVBSCa（简称P20BSCa）、Y55CrNiMnMoV（代号SM1）等为常用的易切削预硬型塑料模具钢，在这些钢中由于加入S、Ca、Pb、Se等元素，改善了预硬型塑料模具钢的切削加工性能。如5NiSCa钢预硬处理后的硬度为39HRC，但其磨削力比40Cr钢（硬度为25HRC）的磨削力还小。此钢不仅适用于制造大、中型精密注射模具，还可用于制造精密冷作模具。

常用国产预硬型塑料模具钢的化学成分见表5-8。

表5-8　常用国产预硬型塑料模具钢的化学成分

钢牌号	化学成分（%）						
	w_C	w_{Si}	w_{Mn}	w_{Cr}	w_{Mo}	w_{Ni}	w_V
40Cr	0.37~0.44	0.17~0.37	0.50~0.80	0.80~1.10			
3Cr2Mo	0.28~0.40	0.20~0.80	0.60~1.00	1.40~2.00	0.30~0.55		
3Cr2NiMo	0.28~0.40	0.20~0.80	0.60~1.00	1.40~2.00	0.30~0.55	0.80~1.20	
4Cr5MoSiV1	0.32~0.45	0.80~1.20	0.20~0.50	4.75~5.50	1.10~1.75		0.80~1.20

（续）

钢牌号	化学成分（%）						
	w_{C}	w_{Si}	w_{Mn}	w_{Cr}	w_{Mo}	w_{Ni}	w_{V}
5CrNiMo	0. 50 ~ 0. 60	≤0. 40	0. 50 ~ 0. 80	0. 50 ~ 0. 80	0. 15 ~ 0. 30	1. 40 ~ 1. 80	
5Cr2MnMo	0. 50 ~ 0. 60	0. 25 ~ 0. 60	1. 20 ~ 1. 60	1. 50 ~ 2. 00	0. 15 ~ 0. 30		
5CrNiMnMoSCa	0. 50 ~ 0. 60	0. 20 ~ 0. 80	0. 85 ~ 1. 15	1. 00 ~ 1. 30	0. 30 ~ 0. 60	0. 85 ~ 1. 15	0. 10 ~ 0. 30
8Cr2MnWMoVS	0. 75 ~ 0. 85	≤0. 40	0. 85 ~ 1. 15	2. 32 ~ 2. 60	0. 50 ~ 0. 80	W0. 70 ~ 1. 10	0. 10 ~ 0. 25

预硬型塑料模具钢是以预硬状态供货，因此易切削预硬型塑料模具钢在制作模具过程中，一般不设热处理工艺，切削形成模具型腔后即可直接使用。但对于制造过程中需要进行锻造加工时，必须在锻后进行必要的热处理，其中包括预备热处理和预硬热处理。

预备热处理一般为球化退火，目的是消除锻造应力，获得均匀的球状珠光体组织，降低硬度，提高塑性，改善切削加工性能或冷挤压成形性能。

此类塑料模具钢的预硬处理通常采用淬火加高温回火工艺。下面针对 40Cr、3Cr2Mo、8Cr2MnWMoVS 等预硬型塑料模具钢基本的热处理工艺做一简单讨论。

（1）淬火　淬透性是预硬型塑料模具钢的一个重要性能指标，淬透性的高低直接影响钢的最终力学性能。Cr、Mn、Si、Ni 等合金元素都有增加淬透性的作用，尤以 Cr-Ni、Cr-Ni-Mo、Cr-Mn-Mo 的配合效果最佳。

淬火温度直接影响预硬型塑料模具钢的淬火硬度。几种常用预硬型塑料模具钢的淬火工艺见表 5-9。

表 5-9　几种常用预硬型塑料模具钢的淬火工艺

钢牌号	淬火温度/℃	冷却方式
40Cr	830 ~ 860	油冷
3Cr2Mo	840 ~ 880	油冷
8Cr2MnWMoVS	860 ~ 880	空冷

（2）回火　预硬型塑料模具钢在 450℃以上温度进行高温回火时，虽能获得优良的综合力学性能，但对于某些预硬型塑料模具钢来讲，当其自回火温度缓慢冷却时，往往会产生第二类回火脆性。这样不仅使其室温下的冲击韧度出现不正常的降低，而且会使模具钢的冷脆转变温度大为提高。对于尺寸较小的模块，可采取快速冷却的方式防止高温回火脆性。但对于尺寸较大的模具，通过快速冷却的方式防止高温回火脆性并不可行，正确的方法是采取在模具钢中加入 Mo 或 W 两种合金元素，来防止高温回火脆性的产生。Mo 的适宜质量分数为 0. 3% ~ 0. 5%，而 W 的质量分数约为 1%。

三、整体淬硬型塑料模具钢及热处理

在模具切削加工完成以后，将其整体进行一定的淬火、回火处理，以获得所需力学性能的塑料模具钢，称为整体淬硬型塑料模具钢。

整体淬硬型塑料模具钢具有较高的硬度，以及较好的耐磨性、抛光性和电加工性能。但它与渗碳钢和预硬型塑料模具钢相比，韧性降低，变形、扭曲和产生裂纹的倾向增大。整体淬硬型塑料模具钢包括：碳素工具钢，如T7A、T8A、T10A等；合金工具钢，如9SiCr、CrWMn、Cr12Mo、4Cr5MoSiV、Cr12V1等。T7A、T8A、T10A等碳素工具钢适合制造形状简单、尺寸不大、受力较小和变形要求不高的塑料模具；9SiCr、CrWMn等量具刃具钢适合制造形状复杂、尺寸较大、形状精度要求较高的塑料模具；Cr12V1和Cr12Mo钢适宜制造耐磨性高、形状复杂的大型塑料成型模具，其特点是淬透性高，在油或空气中冷却即可实现淬火，Cr12V1的塑性和韧性好于Cr12Mo，但硬度稍差。

整体淬硬型塑料模具钢的最终热处理一般为淬火加低温回火，少数采用中温回火或高温回火，热处理后的硬度通常在45~50HRC以上。

形状比较复杂的塑料模具，在粗加工以后即进行热处理，然后进行精加工，以保证最小的热处理变形。精密模具的热处理变形应小于0.05%。

塑料模具的型腔表面要求十分严格，在淬火加热过程中要确保型腔表面不氧化、不脱碳、不侵蚀、不过热。因此应在保护气氛炉或严格脱氧后的盐浴炉中加热。若在普通箱式电阻炉中加热，应在模具型腔表面涂以保护剂，同时严格控制加热速度。冷却时应选择比较缓和的冷却介质，控制好冷却速度，避免在淬火冷却过程中产生变形或开裂现象，因而采取分级淬火冷却方式较好。

淬火后应及时回火，回火温度要高于模具的工作温度，回火时间应该充分，具体应依据模具材料和断面尺寸确定，但至少应在40~60min以上。

四、时效硬化型塑料模具钢及热处理

时效硬化型塑料模具钢是根据制造高精度、复杂型腔塑料模具的需要而研制开发的一种高质量塑料模具钢。此类塑料模具钢的特点是碳含量低，合金元素含量较高，经过固溶处理后为单一组织的过饱和固溶体，处于软化状态。若将其在较低温度进行时效处理，固溶体中能析出细小弥散的金属化合物，使模具钢的强度和硬度大幅度提高，而且在强度和硬度提高的过程中，尺寸和形状的变化极小。因此，采用此类钢制造塑料模具时，可在固溶处理后进行切削加工成形，然后通过时效处理，使模具获得较高的强度和硬度，并有效地保证模具的最终尺寸和形状精度。

由于时效硬化型塑料模具钢一般采用真空熔炼，纯净度高，其镜面抛光性和表面刻蚀性良好。另外，通过镀铬、渗碳或离子束增强沉积等表面处理方式，可以提高其耐磨性和耐蚀性。

时效硬化型塑料模具钢经过时效处理能获得高的力学性能，适合制作强度和韧性、尺寸精度、表面粗糙度和耐蚀性都要求较高的塑料模具，以及透明塑料模具等。

25CrNi3MoAl属于低碳低镍时效硬化型塑料模具钢，由我国自行研制开发，具有我国冶金工业的特点，其化学成分见表5-10。其特点是：钢中碳含量和镍含量低，使其价格远低于马氏体时效钢；调质后的硬度为 230~250HBW，常规切削加工性能和电加工性能良好，时效后硬度为 38~42HRC；镜面研磨性好，表面刻蚀性好，焊接补修性好，可用于制作普通和高精密的各种塑料模具。

表 5-10 25CrNi3MoAl 钢的化学成分

元素	C	Cr	Ni	Mo	Al	Si	Mn	S、P
质量分数(%)	0.2~0.3	1.2~1.8	3.0~4.0	0.2~0.4	1.0~1.6	0.2~0.5	0.5~0.8	≤0.03

18Ni 类塑料模具钢属于低碳马氏体时效型塑料模具钢，此类钢的碳含量极低，目的是改善钢的韧性。依据屈服强度可分为 1400MPa、1700MPa、2100MPa 三个级别，可分别简写为 18Ni140、18Ni170、18Ni210。18Ni 马氏体时效钢中的 Ti、Al、Co、Mo 等合金元素，起时效硬化作用。大量加入合金元素 Ni，其主要作用是确保模具固溶处理后，能获得单一的马氏体组织，Ni 与 Mo 相互作用形成时效强化相 Ni_3Mo，镍的质量分数超过 10%后，还可显著提高其断裂韧度。此类钢主要用于制作精度高、超镜面、型腔复杂、大截面、大批量生产的塑料模具。18Ni 类钢的化学成分和力学性能见表 5-11。

表 5-11 18Ni 类钢的化学成分和力学性能

级别	化学成分(%)					力学性能				
	w_{Ni}	w_{Co}	w_{Mo}	w_{Ti}	w_{Al}	R_m/MPa	R_{eL}/MPa	A_5(%)	Z(%)	硬度 HRC
140	17.5~18.5	8.0~9.0	3.0~3.5	0.15~0.25	0.05~0.15	1350~1450	1400~1550	14~16	65~70	46~48
170	17.0~19.0	7.0~8.5	4.6~5.2	0.30~0.50	0.05~0.15	1700~1900	1750~1950	10~12	48~58	50~52
210	18.0~19.0	8.0~9.5	4.6~5.2	0.55~0.80	0.05~0.15	2050~2100	2100~2150	12	60	53~55

06Ni6CrMoVTiAl（06Ni）钢属于低镍马氏体时效硬化型塑料模具钢。其显著的性能特点是：热处理变形小，抛光性能好，固溶硬度低，切削加工性好，具有良好的综合力学性能以及渗氮和焊接能力。由于合金含量低，使其价格远低于 18Ni 型马氏体时效钢。06Ni 钢可用于制作磁带盒、照相机、电传机、打字机等塑料制品的模具。

10Ni3MnMoCuAl（PMS）镜面塑料模具钢，是一种新型的时效硬化型塑料模具钢，具有良好的冷热加工性和综合力学性能。热处理工艺简便，淬透性高，变形小。表面粗糙度值小，光亮度高，尺寸和形状精度高。适宜进行表面强化处理，固溶后的硬度仅为 30~33HRC，可进行模具型腔的挤压成形。经时效后弥散析出硬化相 Al_3Ni，基体硬度随之上升至 38~43HRC。该钢具有优良的镜面加工性能，模具表面粗糙度值 *Ra* 可达 0.05μm，适于制造要求高镜面、高透明度、高精度的各种热塑性塑料光学镜片的注射模具，以及外观质量要求光洁和光亮的各种家用电器塑料模具，如电话机、石英钟、车辆灯具等塑料壳体模具。由于 PMS 钢含铝，其渗氮性良好，可以在渗氮处理的同时进行时效处理，使其表面硬度、耐磨性提高。另外，该钢具有良好的焊接性能，便于损坏后的补焊修复。

Y20CrNi3AlMnMo（SM2）是一种易切削调质时效型塑料模具钢。含 0.1%（质量分数）左右的 S，切削加工性能得到了改善，是一种易切削型时效硬化塑料模具钢。生产工艺简单，性能稳定，使用寿命长。现已在电子、仪表、家电和玩具等行业推广应用，效果显著。

05Cr16Ni4Cu3Nb（PCR）钢是一种时效硬化型不锈钢，经淬火处理后，获得单一的板条马氏体组织，硬度为 32~35HRC，可进行切削加工。成形后再经过时效处理，硬度升高至 42~44HRC，具有较好的综合力学性能。该钢淬透性高，热处理变形小，变形率为 0.04%~0.05%，且具有良好的抛光性能和优良的耐蚀性，适用于制造氟塑料、聚氯乙烯等塑料的成型模具。经时效和抛光后，在 300~400℃的温度下进行 PVD 离子涂镀，使模具表面覆盖 3~5μm 厚的 TiC 薄膜，其硬度高于 1600HV，可用于高硬度、高耐磨而又耐蚀的塑料模具。

时效硬化型塑料模具钢的热处理工艺基本分为两个步骤：第一步，首先进行固溶处理，将钢加热至高温，使各种合金元素充分溶入奥氏体，然后进行淬火处理获得马氏体组织；第二步，进行时效处理，使模具达到所需的力学性能。固溶处理的加热一般在盐浴炉中进行，而后采用油冷淬火，淬透性好的钢种也可采用空冷淬火。时效处理最好在真空炉中进行，若在箱式电炉中进行需通入保护气体，以防止模具型腔表面的氧化。

五、耐蚀型塑料模具钢及热处理

以聚氯乙烯、聚苯乙烯和 ABS 加抗燃树脂等化学性腐蚀塑料为原料，生产塑料制品时，成型过程中会分解出腐蚀性气体，将对模具产生腐蚀作用，为此要求模具材料必须具有相应的耐蚀性。塑料模具获取耐蚀性的最佳方式是采用耐蚀型塑料模具钢制造，目前已经得以推广。耐蚀型塑料模具钢如同其他类型的塑料模具钢一样，需要有一定的硬度、强度和耐磨性等使用性能。常用的钢种有 95Cr18、90Cr18MoV、85Cr17、102Cr17Mo 等高碳高铬型耐蚀钢，14Cr17Ni2 马氏体时效不锈耐酸钢和 05Cr16Ni4Cu3Nb 析出硬化不锈钢等。

95Cr18、90Cr18MoV 和 102Cr17Mo 等牌号属于高碳高铬型耐蚀塑料模具钢。为了保持钢的耐蚀性，其马氏体组织中必须含有 11%~12%的铬（质量分数），为了保持钢的高硬度和高耐磨性，钢中必须有较高的碳含量，其化学成分见表 5-12。钢中含有的 16%~19%的铬（质量分数），保证了马氏体中的铬含量。例如，95Cr18 钢经 1075~1100℃淬火后具有耐蚀性，这时马氏体中含有 11%的铬（质量分数）和 0.25%的碳（质量分数），其余的铬存在于碳化物中。对于碳的质量分数为 1.0%~1.2%的高铬不锈钢，钢中必须添加钼元素，以代替 $M_{23}C_6$ 型碳化物中的一部分铬，这样可以增加固溶体中的铬含量，进一步改善钢的耐蚀性。同时钼还可以在回火后引起弥散硬化，有利于提高钢的二次硬化程度和热稳定性。

表 5-12　高碳高铬型耐蚀塑料模具钢的化学成分

钢牌号	化学成分（%）				
	w_C	w_{Si}	w_{Cr}	w_V	w_{Mo}
95Cr18	0.90~1.00	≤0.80	17.00~19.00		
90Cr18MoV	0.85~0.95	≤0.80	17.00~19.00	0.07~0.12	1.00~1.30
85Cr17	0.75~0.95	≤1.00	16.00~18.00		
102Cr17Mo	0.95~1.10	≤0.80	16.00~18.00		0.40~0.70

高碳高铬耐蚀型塑料模具钢的热处理，大体分为预备热处理和最终热处理两部分。常用的预备热处理为球化退火，目的是降低模具钢锻造后的硬度，改善其切削加工性能，并为淬火做好组织准备。退火组织为粒状珠光体和均匀分布的粒状碳化物，退火后的硬度为197~255HBW，一般的最终热处理工艺为淬火加低温回火。

淬火温度应控制在1050~1100℃为佳。随着淬火温度的提高，二次碳化物的溶解量增加，奥氏体中的碳和铬含量增高，淬火硬度可高达62~63HRC。

高碳高铬型耐蚀钢具有较好的淬透性，淬火冷却一般采用油冷，也可用空冷或在100~150℃的热油中冷却。用后两种方法冷却，可有效地防止模具的变形和开裂，但它只适用于薄壁模具的淬火冷却。对于大型或形状较复杂的模具，为减少模具的变形和开裂，可以进行分级淬火或等温淬火。

高碳高铬型耐蚀钢的正火组织为隐晶马氏体、残留奥氏体和细粒状的碳化物。在淬火后的钢中，残留奥氏体含量较高，例如，95Cr18钢自1050~1100℃淬火后，钢中奥氏体的质量分数为22%~70%。为了提高模具的硬度和使用过程中的尺寸稳定性，模具淬火后应在-75~-80℃的条件下进行一次冷处理，使钢中的残留奥氏体量减少至10%~15%，同时可提高钢的硬度和抗弯强度。但冲击韧度会明显下降，因此，对于制造承受高冲击载荷的模具，在选用冷处理时必须慎重考虑。

为了提高淬火或淬火加冷处理后模具组织的稳定性，消除内应力，提高其综合力学性能，必须进行回火。高碳高铬型耐蚀钢经150~400℃回火后，马氏体中的铬含量几乎不变，在沸水、蒸汽、湿空气、干燥空气和冷态的有机酸中，均很稳定。但相对比较，在200℃以下回火，其耐蚀性更高。而经500~550℃高温回火后，由于形成了含铬的碳化物，降低了固溶体中的铬含量，因此，钢的耐蚀性有所下降。

根据回火温度对钢的力学性能和耐蚀性的影响，95Cr18等高碳高铬型耐蚀钢一般采用160~200℃的回火处理。当模具最后磨削成形后，为了消除其磨削应力，还应在130~140℃进行附加回火。

05Cr16Ni4Cu3Nb（PCR）是一种析出硬化型马氏体不锈钢，其化学成分见表5-13，该钢经过淬火后获得单一的马氏体组织，硬度为32~35HRC，可进行切削加工，再经过460~480℃的时效处理，合金碳化物呈弥散析出，使其获得较好的综合力学性能，见表5-14。

表5-13 PCR钢的化学成分

元素	C	Mn	Si	Cr	Ni	Cu	Nb	S、P
质量分数(%)	≤0.07	≤1.0	≤1.0	15~17	3~5	2.5~3.5	0.2~0.4	≤0.03

表5-14 PCR钢的力学性能

热处理规范	R_m/MPa	R_{eL}/MPa	R_{mc}/MPa	A_5(%)	Z(%)	a_K/(J/cm^2)	硬度 HRC
950℃固溶，460℃时效	1324	1211	—	13	55	50	42
1000℃固溶，460℃时效	1334	1261	—	13	55	50	43
1050℃固溶，460℃时效	1335	1273	1422	13	56	47	43
1100℃固溶，460℃时效	1391	1298	—	15	45	41	45
1150℃固溶，460℃时效	1428	1324	—	14	38	28	46

六、其他塑料模具材料及热处理

在某些条件下工作的塑料模具，还可以选用铝合金、铍青铜、锌合金和铸铁等材料制作。如聚苯乙烯泡沫塑料的发泡成型模具，要求导热、耐蚀并能承受脉动热载荷。当用于中小批量生产时可采用铸造铝合金制造模具，当大批量生产时可采用不锈钢或铍青铜制造模具。低发泡注射成型的压力低，冷却时间长，要求模具的机械强度不高而热导性要好，可采用铝合金或锌合金等制造模具。吹塑成型模具也常采用铝合金、锌合金和铍青铜等材料制造。

（一）铜合金

用于塑料模具材料的铜合金主要是铍青铜，如 ZCuBe2、ZCuBe2.4 等。一般采用铸造方法成形，成本低、周期短，且可以制作出复杂的模具型腔。铍青铜可以通过固溶时效处理实现强化，固溶后合金处于软化状态，塑性好，便于机械加工。成形后进行时效处理，合金的抗拉强度可达到 1100~1300MPa，硬度可达 40~42HRC，能够满足使用性能要求。适于制造吹塑模、注射模，以及一些高导热、高强度和高耐腐蚀的塑料模具。

（二）铝合金

变形铝合金和铸造铝合金均可用于塑料模具制造。铝合金的密度小、熔点低，可加工性和热导性都优于模具钢，其中铸造铝合金还具有优良的铸造成形性能，可用其制作塑料模具，以缩短模具制作周期，降低制作成本。常用于制作塑料模具的铸造铝合金是 ZAlSi7Mg，适于制作要求高热导率、形状复杂的塑料模具。变形铝合金 7A09 也是一种用于塑料模具的铝合金，因其强度高于 ZAlSi7Mg，可用来制作强度要求相对较高且导热性良好的塑料模具。

（三）锌合金

用于制造塑料模具的锌合金主要为 ZZnAl4Cu3 共晶合金，其主要化学成分见表 5-15。共晶合金的熔点低，易于铸造成形；模具的复制性好，采用经过修整的凸模作型芯，可以直接铸造出精度较高的凹模；锌合金具有独特的润滑性和抗黏附性，用锌合金模具成型的塑料制件表面不易形成缺陷。

表 5-15　ZZnAl4Cu3 的化学成分

元素名称	Zn	Al	Cu	Mn
质量分数(%)	92~93	3.90~4.50	2.80~3.50	0.03~0.06

锌合金的可加工性好，易于修饰加工，可以制作出光洁而复杂的模具型腔，并可降低模具制造费用和缩短生产周期。锌合金的不足之处是高温强度较低，易老化，因此长期使用后易出现变形或开裂现象，适合制造吹塑模和注射模。

第三节　塑料模具材料及热处理工艺的选用实例

一、塑料模具材料的选用原则

塑料模具材料选择是模具制造过程中的重要环节，塑料模具材料种类繁多，选择时依据一定的原则进行，大致有按加工方式选材、按服役条件选材、按制品质量选材、按制品批量选材等几个方面。不仅应从使用性能和工艺性能要求来简单确定，而且应从实用性和经济性两方面进行综合考虑，既要符合使用性能和工艺性能的需要，又要使模具制造成本尽可能低廉，这样会使塑料制品生产的成本降低，创造出较好的经济效益。

当然，满足使用性能和工艺性能的要求，在模具材料选择中是相对重要的因素，因此首先必须依据模具的具体服役条件和制造工艺需求，针对各类塑料模具材料的使用特性和工艺特性，对模具材料做出符合性能要求的合理选择。

（一）依据塑料模具服役条件和制品质量选择模具材料

1）对于模具型腔表面要求高硬、耐磨，而心部具有较好韧性的塑料模具，可以选用渗碳型塑料模具钢来制造。对其中尺寸较小且型腔不太复杂的塑料注射模，可选用淬透性相对较小的渗碳型塑料模具钢。此类钢在退火状态下，具有良好的塑性，较小的变形抗力，因此可采用冷变形的方式成形，以减小切削加工的工作量，如 20、20Cr 钢等。对于尺寸较大、型腔形状较复杂的塑料模具，可选用淬透性较好的渗碳型塑料模具钢，如 12CrNi3A、12CrNi4A 等。渗碳型塑料模具钢经渗碳、淬火加回火处理后，可使型腔表面具有良好的耐磨性，同时保证心部具有较好的强度和韧性。

2）对于模具型腔复杂、精度要求高和寿命要求长的塑料模具，为防止型腔切削加工成形后因淬火处理引起过大的型腔变形，保证模具的精度和使用性能，应该选用预硬型塑料模具钢。此种塑料模具钢在供应状态下已经完成预硬处理，或在切削加工之前进行预硬调质处理，切削加工成形后，不需要再进行旨在保证力学性能的最终热处理而直接使用，可以避免因热处理应力造成的模具变形和开裂，如 40Cr、3Cr2Mo、4Cr5MoSiV1、5CrNiMnMoSCa、8Cr2MnWMoVS 钢等。

3）对于以玻璃纤维做填充剂的热塑性塑料制品注射模或热固性塑料的压缩模，有较高的硬度、耐磨性、抗压强度、韧性、抛光性和电加工性等综合要求，为了防止模具型腔表面过早地出现磨损或局部变形，可以选用整体淬硬型塑料模具钢，如 T8A、T10A、9SiCr、CrWMn、Cr12V1 和 Cr12Mo 等，也可选用 25CrNi3MoAl、18Ni、06Ni6CrMoVTiAl 等时效硬化型塑料模具钢。

4）对于以聚氯乙烯、聚苯乙烯和 ABS 加抗燃树脂等为原料的塑料制品，在成型过程中会分解出腐蚀性气体，将对模具产生腐蚀作用，因此模具材料必须具有相应的耐蚀性，可以选用耐蚀型塑料模具钢作为其模具制造材料。常用牌号如 95Cr18、90Cr18MoV、85Cr17、102Cr17Mo、14Cr17Ni2 和 05Cr16Ni4Cu3Nb（PCR）等。

5）对于要求型腔表面粗糙度值小、光亮度高、尺寸和形状精度高、型腔复杂，甚至有耐蚀要求的大截面塑料模具，以及具有镜面抛光性和高耐磨性要求的透明制品塑料模具，如汽车灯罩、汽车仪表盘、电视机、电传机、打字机的外壳等塑料零件的模具，或高镜面、高透明度、高精度的各种热塑性塑料光学镜片注射模，应选用时效硬化型塑料模具钢。常用牌号如 10Ni3MnMoCuAl（PMS）、06Ni6CrMoVTiAl（06Ni）、05Cr16Ni4Cu3Nb（PCR）以及 18Ni 类钢等，或者选用预硬型塑料模具钢，常用牌号如 3Cr2Mo（P20）、5CrNiMnMoSCa（5NiSCa）、8Cr2MnWMoVS（8Cr2S）等材料。各类塑料模具材料的选用见表 5-16。

表5-16　各类塑料模具材料的选用

塑料或制品的用途		代表原料	典型制品	模具要求	适用模具材料
一般热塑性和热固性塑料	一般	ABS	电视机壳	高强度、耐磨损	40Cr、P20、8Cr2S、SM1
	一般	聚丙烯	电风扇叶	高强度、耐磨损	
	表面有花纹	ABS	汽车仪表盘	高强度、耐磨损、光刻性	PMS
	透明件	有机玻璃	汽车灯罩	高强度、耐磨损、光刻性	5NiSCa、SM2
	热塑性	POM、PC	电动工具外壳	高耐磨性	8Cr2S、PMS、SM2
	热固性	酚醛、环氧树脂	齿轮	高耐磨性	8Cr2S、06NiTi2Cr
阻燃型制件		ABS加阻燃剂	电视机壳	耐腐蚀	PCR
聚氯乙烯		PVC	阀门管件	高强度、耐腐蚀	38CrMoAl、PCR
光学透镜		有机玻璃	照相机镜头	抛光性及防锈性	PMS、PCR

（二）依据塑料制品的生产批量选择模具材料

对于每种类型的塑料模具材料，还应考虑各牌号间的性能和质量差异。塑料模具材料品种和牌号的选择与塑料制品的生产批量有关，塑料制品生产批量的大小不同，对于模具的耐磨性和使用寿命有着不同的要求。一般而言，生产批量较小的塑料模具，为降低模具造价，不必选用性能相对优良的模具材料，而选用较普通的模具材料即可。生产批量较大的塑料模具，为保证其较高的耐磨性和使用寿命，必须选用性能和质量优良的模具材料品牌。塑料制件的生产批量与相应的模具材料选择情况见表5-17。

表5-17　塑料制件的生产批量与相应的模具材料选择情况

模具寿命（合格品）/件	材料选用
100000~200000	45、55、40Cr
300000	P20、5NiSCa、8Cr2S
600000	P20、5NiSCa、SM1
800000	P20、8Cr2S淬火
1200000	SM2、PMS
1500000	PCR、LD2、65Nb
2000000	65Nb、012Al渗氮、25CrNi3MoAl

二、塑料模具材料及热处理工艺实例

（一）渗碳型塑料模具钢

1. 20Cr钢

常用的热处理工艺如下：

（1）渗碳　渗碳温度为900~920℃，保温时间依据渗碳层厚度和渗碳方式不同具体确定。渗碳后油冷至室温。

（2）渗碳后的热处理　一次淬火的加热温度为850~880℃，油冷或水冷至室温；二次淬火的加热温度为800~820℃，出炉空冷至750℃左右淬入80~100℃的油中，待其冷至150℃后取出，将模具组装合模后用夹具禁锢，空冷至室温。

回火的加热温度为 200~220℃，保温 2h，出炉空冷，模具硬度为 56~58HRC。

20Cr 钢常用于制造压制热固性塑料的模具，如胶木压制模具，渗层厚度一般应控制在 1.3~1.5mm。也用于制造压制软性塑料的模具，渗层厚度一般控制在 0.8~1.2mm。用此钢制造带尖角薄边的塑料模具时，渗层厚度应控制在 0.2~0.6mm。渗层中碳的质量分数应控制在 0.7%~1.0%，以利于粗大未溶碳化物、网状碳化物或过量残余渗碳体的出现。

2. 12CrNi3A 钢

常用的热处理工艺如下：

（1）锻造　加热温度为 1200℃左右，始锻温度为 1150℃左右，终锻温度≥850℃，锻后缓冷，然后进行退火。

（2）退火　加热温度为 740~760℃，保温 4~6h 后，以 5~10℃/h 的速度缓慢冷却至 600℃，然后炉冷至室温。退火后硬度≤160HBW，以利于冷挤压成形。成形后进行正火处理。

（3）正火　加热温度为 870~900℃，保温 3~4h 后空冷，正火后硬度≤229HBW，以利于切削加工。

（4）渗碳　通常采用气体渗碳方式，加热温度为 900~920℃，保温 6~7h，渗碳层厚度为 0.9~1.0mm，渗碳后预冷至 800~850℃直接油冷淬火或空冷，表层硬度可达 56~62HRC，心部硬度为 250~380HBW，变形微小。

12CrNi3A 钢主要用于冷挤压成形的复杂浅型腔塑料模具，也可用于制造大中型切削加工成形的塑料模具。

（二）预硬型塑料模具钢

预硬型塑料模具钢一般在出厂供货时已经处于预硬状态，硬度为 30~40HRC，无需再进行预硬热处理，可直接进行成形切削加工，以保证具有较高的模具制造精度。

1. 3Cr2Mo（P20）钢

常用的热处理工艺如下：

（1）锻造　加热温度为 1100~1150℃，始锻温度为 1050~1100℃，终锻温度≥850℃，锻后空冷。

（2）热处理　主要包括渗碳、淬火及回火。

1）渗碳：P20 钢具有良好的淬透性和一定的韧性，但硬度较低，通过渗碳并淬火，可使其表面硬度达到 65HRC，并可获得较高的热硬性和耐磨性。

2）淬火及回火：淬火加热温度为 860~870℃，保温时间视具体情况而定，油冷淬火，回火加热温度为 540~580℃，回火后硬度为 30~35HRC。

P20 钢适宜制造电视机壳或洗衣机面板等大型塑料模具，切削加工性好，表面粗糙度值小，具有较高的使用寿命。

2. 5CrNiMnMoSCa（5NiSCa）钢

常用的热处理工艺如下：

（1）锻造　加热温度为 1100~1150℃，始锻温度为 1070~1100℃，终锻温度≥850℃，锻后砂冷。

（2）球化退火　加热温度约为 770℃，保温 3h，等温温度约为 660℃，保温 7h，炉冷至 550℃左右出炉空冷，退火硬度≤240HBW。切削加工性能良好。

（3）淬火及回火　淬火加热温度为 880~900℃，小件取下限，大件取上限，油冷或

260℃盐浴分级淬火。预硬状态的硬度为 30~35HRC。回火温度可以掌握在 570℃、625℃和 650℃三个不同温度，所获得的硬度见表 5-18。5NiSCa 钢是一种典型的易切削高韧性塑料模具钢，镜面抛光性能好，表面粗糙度值小，花纹刻蚀性好，通常用于制造型腔复杂、截面多变、质量要求高的各种塑料注射模。

表 5-18　5NiSCa 钢淬火和回火后的硬度

淬火温度/℃	回火温度/℃	硬度　HRC
880	575	44.5
	625	39.0
	650	36.0
900	575	47.0
	625	41.5
	650	37.0

3. Y55CrNiMnMoV（SM1）钢

常用的热处理工艺如下：

（1）软化处理　对其进行 800℃加热，保温 3h，然后在 680℃等温 5h，硬度将降至 235HBW 以下。

（2）淬火及回火　将其加热至 800~860℃，保温一定时间，进行油冷淬火，然后再将其加热至 600~650℃进行高温回火。

SM1 钢属于易切削调质预硬型塑料模具钢，预硬状态交货，切削和锻造性能良好，综合力学性能强于 45 钢，使用寿命长，常用于制造电子、玩具、仪表等行业塑料制品的模具。

（三）整体淬硬型塑料模具钢

一般情况下整体淬硬型塑料模具钢，均属于不同类别的工具钢，如 T8A、9SiCr、CrWMn、Cr12MoV 等，因此采取的热处理工艺均为淬火加低温回火，只有少数采用淬火加中温回火或淬火加高温回火，热处理后的硬度通常在 45~50HRC 以上。

（四）时效硬化型塑料模具钢

此类钢的共同成分特点是碳含量低、合金元素含量高，经高温固溶处理后，其组织呈单一均匀的过饱和固溶体。但经时效处理以后，过饱和固溶体内的合金元素会呈细小弥散的金属化合物状态析出，使钢的硬度和强度显著升高。

1. 25CrNi3MoAl 钢

常用的热处理工艺如下：

（1）用于一般精密塑料模具　淬火加热温度为 880℃，空冷或水冷淬火，其硬度为 48~50HRC，然后加热至 680℃，保温 4~6h 高温回火，空冷或水冷，回火硬度为 22~24HRC。切削加工成形后进行时效处理，时效温度为 520~540℃，保温 6~8h 后空冷，时效硬度为 39~42HRC。经研磨、抛光、光刻花纹后，变形率约为-0.039%。

（2）用于高精密塑料模具　淬火加热温度为 880℃，空冷淬火，然后加热至 680℃，保温 4~6h 高温回火，空冷或水冷。回火后对模具进行粗加工或半精加工，并进行一次 650℃加热，保温 1h 的去应力退火，以消除切削加工应力。然后进行精加工和时效处理，时效加热温度为 520~540℃，保温 6~8h 后空冷。经研磨、抛光、光刻花纹后，变形率仅为 -0.02%~-0.01%。

（3）用于对冲击韧度要求不高的塑料模具　对淬火的锻坯直接进行粗加工、精加工，然后进行加热温度为530~540℃、保温6~8h的时效处理，最后研磨抛光。处理后模具硬度为40~43HRC，变形率≤0.05%。

（4）采用冷挤压的工艺方法加工型腔的塑料模具　模具锻坯经软化处理后，即对模具型腔进行切削加工、研磨或抛光，然后对模具型腔和外形进行整形，最后对模具进行加热温度为520~540℃、保温6~8h的真空时效处理。

25CrNi3MoAl是我国自行研制开发的一种新型时效硬化塑料模具钢。该钢镍含量较低，具有较好的切削加工性、电加工性和镜面研磨性，主要用于精密塑料模具制造。

2. 18Ni类钢

常用的热处理工艺如下：

（1）固溶处理　加热温度为805~825℃，保温1h空冷。

（2）时效处理　加热温度为470~490℃，保温3h空冷。硬度为48~55HRC。

18Ni类钢属于低碳马氏体时效钢，韧性极好。根据屈服强度分为18Ni140、18Ni170和18Ni210三个级别，主要用于制造高精度、超镜面、型腔复杂、大截面、大批量生产的塑料模具，但因其价格原因，目前尚处于推广阶段。

3. 06Ni6CrMoVTiAl（06Ni）钢

常用的热处理工艺如下：

（1）锻造　加热温度为1100~1150℃，始锻温度为1050~1100℃，终锻温度≥850℃。锻后空冷。

（2）固溶处理　加热温度为800~880℃，保温1~2h，随后油冷。

（3）回火处理　加热温度为500~540℃，保温4~8h，空冷。硬度为42~45HRC。

此类钢现已应用于化工、仪表、轻工、电器、航空航天和国防工业部门，如照相机、电子打印机等零部件的塑料模具。

4. 10Ni3MnMoCuAl（PMS）钢

常用的热处理工艺如下：

（1）锻造　PMS钢具有良好的锻造性能，锻造加热温度为1120~1160℃，终锻温度≥850℃，锻后空冷或砂冷。

（2）固溶处理　加热温度为840~850℃，保温3h，空冷。固溶后硬度为28~30HRC。

（3）时效处理　加热温度为500~520℃，保温4~6h，时效后硬度为40~42HRC。收缩量<0.05%，总变形率径向为-0.01%~0.041%，轴向为-0.021%~0.026%。

PMS镜面塑料模具钢适合于制造各种光学塑料镜片、高镜面、高透明度的注射模以及外观质量要求极高的光洁、光亮的各种家用电器塑料模具，如电话机壳体模具等。同时，也适合于制造高精度型腔的冷挤压成形模具。模具使用寿命相对较高。

5. Y20CrNi3AlMnMo（SM2）钢

常用的热处理工艺如下：

（1）软化处理　加热到870~930℃，油冷淬火；加热到680~700℃回火，保温2h，油冷。硬度≤30HRC。

（2）最终热处理　加热到870~930℃，油冷淬火；加热到680~700℃高温回火，油冷；加热到500~560℃时效处理。时效处理后硬度为39~42HRC。

SM2钢生产工艺简洁易行，锻造性能良好，性能优越稳定，使用寿命长。经电子、仪表、家电、玩具、日用五金等行业推广应用，效果显著。

（五）耐蚀型塑料模具钢

05Cr16Ni4Cu3Nb（PCR）钢是一种常用的耐蚀型塑料模具钢。

常用热处理工艺如下：

（1）锻造：加热温度为1180～1200℃，始锻温度为1150～1180℃，终锻温度>1000℃，锻后空冷或砂冷。

（2）固溶处理：加热温度约为1050℃，空冷。硬度为32～35HRC，然后进行切削加工。

（3）时效处理：加热温度为460～480℃，460℃是PCR钢较为适宜的时效温度，时效后的硬度可达42～44HRC。在420～480℃的温度区间内时效，可使PCR钢获得最大的强度和硬度值，但是应该回避440℃，因为在此温度下时效，会使PCR钢的冲击韧度指标降至最低。

PCR钢属于析出硬化型不锈钢，硬度为32～35HRC时具有较好的切削加工性，时效处理后具有较好的综合力学性能。PCR钢具有良好的耐蚀性，适合于制作原料中含有氟和氯等元素的塑料制品，如聚氯乙烯塑料的成型模具、塑钢门窗的成型模具、聚三氟乙烯塑料制品的模具等。

习题与思考题

1. 热固性和热塑性塑料制品模具的工作条件及使用特点有何区别？
2. 塑料模具的主要失效形式有哪几种？为何磨损失效属于正常失效形式？
3. 塑料模具对其制造材料有哪些性能要求？
4. 对塑料模具材料的硬度、耐磨性、耐蚀性、强度、韧性和疲劳强度等性能指标要求如何？
5. 塑料模具材料尺寸稳定性的意义何在？影响该指标的因素有哪些？
6. 塑料模具对其材料的切削加工性、塑性加工性和热处理工艺性有何要求？
7. 目前依据强化方式或服役特性可将塑料模具材料大体分为哪几类？
8. 填表比较不同类型模具钢的基本热处理工艺和处理后的硬度。

序号	模具钢类型	基本热处理工艺	硬度　HRC
1	渗碳型塑料模具钢		
2	预硬型塑料模具钢		
3	整体淬硬型塑料模具钢		
4	耐蚀型塑料模具钢		
5	时效硬化型塑料模具钢		

9. 5NiSCa和8Cr2S属于哪种类型的塑料模具钢？热处理工艺特点如何？
10. T10A和9SiCr属于哪种类型的塑料模具钢？热处理工艺特点如何？
11. 时效硬化型塑料模具钢适合于制作哪类塑料模具？其成分和热处理特点如何？
12. 请为下列工作条件下服役的塑料模具选择材料：

（1）形状简单、精度要求低、产品批量要求不大的塑料模具。

（2）高耐磨、高精度和型腔复杂的塑料模具。

（3）大型、型腔复杂、产品批量大的塑料模具。

（4）耐蚀且精度要求高的塑料模具。

13. 分析比较20Cr、SM1、P20、25CrNi3MoAl、06Ni、PMS和PCR钢的热处理工艺。

其他模具材料及热处理

随着社会的进步和科技的发展，模具的应用日益广泛，模具材料的种类在不断增加，模具的热处理工艺也在不断更新。本章主要针对在工程领域应用较多的玻璃模具、陶瓷模具，对其服役条件、失效形式、材料选择及其热处理工艺进行综合分析。

第一节　玻璃模具材料及热处理

一、玻璃材料与玻璃制品概述

（一）玻璃材料的化学组成和性质

传统的玻璃材料通常是以［SiO_4］网络骨架为基础，以硅酸盐为主要成分的一种非晶态物质，它从熔融状态到固体状态的性质转变是一个连续的、可逆的过程。除了传统的硅酸盐玻璃以外，其他的玻璃材料还包括硼硅酸盐、磷酸盐以及纯净的氧化物、钨酸盐、钼酸盐等。常见玻璃材料的化学组成见表 6-1。

表 6-1　常见玻璃材料的化学组成

玻璃类型		化学组成
传统氧化物玻璃	硅酸盐	LiO_2-SiO_2、Na_2O-SiO_2、K_2O-SiO_2、Mg-SiO_2、CaO-SiO_2、BaO-SiO_2、PbO-SiO_2
	硼酸盐	LiO_2-B_2O_3、Na_2O-B_2O_3、K_2O-B_2O_3、Mg-B_2O_3、CaO-B_2O_3、BaO-B_2O_3、PbO-B_2O_3
	磷酸盐	LiO_2-P_2O_5、Na_2O-P_2O_5、K_2O-P_2O_5
	硼硅酸盐	Na_2O-B_2O_3-SiO_2
	铝硅酸盐	Na_2O-Al_2O_3-SiO_2、CaO-Al_2O_3-SiO_2
	铝硼酸盐	ZnO-Al_2O_3-B_2O_3、CaO-Al_2O_3-B_2O_3
新型玻璃	纯氧化物	SiO_2、B_2O_3、P_2O_5、GeO_2
	锗酸盐	Li_2O-GeO_2、Na_2O-GeO_2、K_2O-GeO_2
	钨酸盐	Na_2O-WO_3、K_2O-WO_3、Li_2O-WO_3
	钼酸盐	Li_2O-MoO_3、Na_2O-MoO_3、K_2O-MoO_3
	氟化物	BeF_3、NaF-BeF_3
	氟磷酸盐	$Al(PO_3)_3$-AlF_3-NaF-CaF_2
	硫系玻璃	Na_2S-GeO_2

玻璃的黏度、硬度和热导率与玻璃模具材料的选用有较大的关系。玻璃的黏度随温度的

降低而增大，从玻璃液到固态玻璃的转变，黏度呈连续变化。黏度随温度变化的快慢是一个很重要的玻璃生产指标，黏度高的玻璃必须选择较高的浇注温度，相应地要求玻璃模具具有较高的高温强度和热导率。

玻璃的硬度取决于化学成分，各种组分对玻璃硬度提高的作用大致为：

$$SiO_2>B_2O_3>(MgO、ZnO、BaO)>Al_2O_3>Fe_2O_3>K_2O>Na_2O>PbO$$

不同玻璃的莫氏硬度在5~7之间。玻璃的硬度越高，对模具的损伤则越大。

玻璃的比热容随温度的升高而增加，热导率也随温度的升高而增大。

（二）玻璃制品的类型和制造

玻璃制品的类型包括传统的玻璃瓶、平板玻璃、建筑玻璃、医用玻璃、照明玻璃、光学玻璃，以及以光纤、光波导、电子玻璃为代表的新型玻璃等。

玻璃制品的制造包括玻璃原料的熔制和玻璃液的成型两个阶段。玻璃的成型是指从熔融的玻璃液转变为具有固定几何形状玻璃制品的过程。主要的成型方法有吹制法（空心玻璃制品）、压制法（容器玻璃）、浇注法（光学玻璃）、浮法（平板玻璃）等。

采用吹制法和压制法成型的工艺过程实际上也是玻璃液通过模具材料的热交换过程。依靠模具除去热量，使玻璃液从熔融状态凝固成模具内腔的形状。玻璃液的传热方式包括热辐射和热传导，由于玻璃的热导率比金属模具材料小得多，在300℃以上时主要的传热方式为热辐射。

模具内表面的温度对模具制品的质量影响很大。模具温度过高，将使玻璃制品容易黏附在模具内腔上，使玻璃制品的脱模发生困难，制品也容易产生变形；模具温度过低，将使玻璃制品表面产生较多的波纹印痕，制品的结合处也容易发生爆裂。玻璃浇注温度越高，模具的热导率越小，将使模具内表面的温度波动增大。

二、玻璃模具的服役条件和失效形式

（一）玻璃模具的服役条件

玻璃的成型过程大多数属于间歇作业，熔融的玻璃向成型模腔的内表面周期性地放热。由于玻璃液体在高温时具有较高的热辐射传导率，传递给模具的热量大而且快，使模具型腔内表面迅速升温到较高温度，然后在脱模后又迅速降温，模具内表面的温度波动非常显著，而模具外表面则由于向四周近乎均匀地散热冷却，温度的波动相对较小。这种温度波动使得模具型腔表面反复出现压应力和拉应力，促使其型腔表面产生冷热疲劳裂纹（龟裂）。此外，玻璃成型模具与高温黏滞玻璃相接触，熔融玻璃液将对模具材料产生磨损和腐蚀。

（二）玻璃模具的失效形式

玻璃模具的失效形式主要有塑性变形、磨损、冷热疲劳、腐蚀、氧化（起皮、剥落、麻点）、开裂等。模具在服役过程中可能同时出现多种失效形式，各种失效之间又相互渗透和相互促进，如磨损加速了疲劳裂纹的萌生，冷热疲劳所造成的热应力和组织应力可能使模具突然开裂。当模具生产出来的产品为废品时，则说明模具已经失效。要提高模具的使用寿命就必须仔细分析导致模具失效的原因及各种影响因素，根据不同的工作条件，选择适当的模具材料及相应的热处理工艺。

三、玻璃模具材料的性能要求和类型

（一）玻璃模具材料的性能要求

玻璃模具是玻璃制品成型的重要工具，模具质量的好坏将直接影响玻璃制品的外观质量与生产成本。由于玻璃成型模具与高温黏滞玻璃相接触，因此玻璃模具的表面质量与玻璃制品的表面质量直接相关；良好的热导性是模具材料快速去除玻璃液热量的关键因素；高温下良好的抗氧化性和耐冷热疲劳、耐磨损性能是延长模具寿命、提高生产效率、降低生产成本的前提。总的说来，优质玻璃模具材料应当具备以下性能：

1）材质致密，易于进行切削加工，能获得优良的表面质量，加工后表面无杂质和针孔。

2）高温化学稳定性好，耐硅酸腐蚀、抗氧化，否则模具在使用过程中将出现脱皮、起鳞等缺陷，严重影响产品质量和模具寿命。

3）较高的耐热性和热稳定性。玻璃热量通常由模具材料导出，玻璃液的入模温度一般为900～1100℃，出模温度一般为500～600℃，由于对模具进行了强制冷却，使玻璃模具外表面的温度在300℃以下。玻璃模具内外表面的温度差，将使模具内部产生强烈的内应力，使模具内表面产生微裂纹，而这些微裂纹将印制在玻璃制品的表面上，降低制品的表面质量和等级。

4）较高的热导率和比热容。模具材料的热导率高，则模具的导热快，在其他条件相同时，模具的内外温差小；反之，模具材料的热导率低，将可能使模具内表面产生局部过热，使模具产生塑性变形而失效。模具材料的比热容小，则在同等条件下，模具产生过热的倾向较大，容易使模具产生塑性变形。

5）热膨胀系数小，抗热裂性好。若热膨胀系数过大，将影响模具的开闭灵活性，使玻璃制品的脱模产生困难。由于玻璃模具长时间工作在冷热循环中，需要模具材料具备较高的抗热裂性。

6）较高的黏合温度。黏合温度是指模具与玻璃开始黏合而使成型条件显著恶化的温度。较高的黏合温度有助于提高玻璃的浇注温度，降低制品在模具中的冷却时间，提高制造玻璃制品的速度。

7）耐磨性好。玻璃材料对模具材料的摩擦磨损也是模具失效的重要原因之一，因此模具材料应当具备较好的耐磨性能。

8）在满足以上条件的前提下，模具材料的成本和模具的加工费用要低廉。

能够满足上述条件的模具材料主要有各种铸铁和耐热钢。由于玻璃的种类繁多，不同玻璃制品的质量要求各不相同，生产所需要的模具壁厚、外部冷却条件、润滑条件及作业周期也不相同，应当根据实际的生产条件选择具有相应性质的模具材料。在20世纪80年代以前，我国的玻璃制品企业普遍采用普通灰铸铁制造玻璃成型模具，单位模具的使用寿命只有7.5万～12万次。而采用耐热合金铸铁、合金钢等作为玻璃模具材料，并对模具进行表面强化处理，模具寿命可高达40万～50万次。

（二）玻璃模具材料的类型

玻璃模具材料以各类铸铁为主，其次为耐热钢。玻璃模具用铸铁材料的成分和性能见表6-2。

除铸铁外，玻璃模具的常用材料还包括耐蚀型马氏体不锈钢，如12Cr13、30Cr13、

40Cr13、40Cr13Ni 等，以及 3Cr2W8V、3Cr3Mo3V、3Cr3Mo3Co3V 等热作模具钢。

表 6-2　玻璃模具用铸铁材料的成分和性能

合金类别		铁素体铸铁	Ni-Mo 合金铸铁	Mo-V/Ti 合金铸铁	高铝铸铁	球墨铸铁
化学成分(%)	$w_{总C}$	3.40~3.70	3.5~3.6	3.40~3.70	3.0~3.8	3.6~3.8
	$w_{总Si}$	1.8~2.2	2.0~2.2	1.80~2.20	0.7	2.6~2.8
	w_{Mn}	0.55~0.85	0.60~0.75	0.55~0.85	0.2~0.4	0.1
	w_S	0.07	0.04	0.07	0.07	0.015
	w_P	0.12	0.05	0.12	0.12	0.015
	w_{Ni}		0.2~0.3			
	w_{Mo}		0.4~0.5	0.30~0.45		
	w_{Ti}			0.2~0.3		
	w_V			0.1~0.2		
	w_{Al}				2~3	
性能	布氏硬度 HBW	130~155	140~160	150~170	180~200	160~180
	抗拉强度/MPa	100~150	200~220	220~260	320~360	420~450
	抗压强度/MPa	—	500~800	600~1800	—	—
	热导率/[W/(m·K)]	0.148~0.001	0.148~0.001	0.148~0.001	0.000064	0.083~0.0001
	热膨胀系数/$10^{-6}K^{-1}$	12	12	12	12	12
特点与用途		价格低廉，良好的机加工性能，适用于制作口模	抗热冲击，抗热裂性好，变形温度高，适用于压吹法模具	抗热冲击，吸热性好，抗热裂性好，变形温度高	抗热冲击，抗拉强度高，热导性好，寿命长	抗拉强度高，热导性较差，适用于小批量生产

四、玻璃模具材料的热处理

（一）铸铁材料的热处理

铸铁材料在冷却凝固过程中，由于铸件壁厚不均匀，各部位的冷却速度不同，以不同的时间通过由塑性变形到弹性变形的温度范围，使铸件各部分的收缩受到相互牵制。同时在冷却过程中因发生石墨化和相变而引起体积变化，使铸件内部产生铸造内应力。这些应力残留在铸件中随时间发生松弛和再分布，往往使铸件产生变形，降低模具的尺寸精度。因此对于铸铁材料要进行热时效退火，以降低其残余应力。

铸铁的时效温度一般选择在 550~700℃。温度过低，时效不彻底；温度过高，则模具的硬度下降较大。选择时效温度时，必须考虑铸铁的化学成分，主要是根据硅含量和合金元素含量而定。加热温度过高，可能发生部分渗碳体的分解，降低其强度和硬度。普通灰铸铁和球墨铸铁一般加热到 550~600℃，在硅含量与碳含量较低，特别是在含有合金元素的高质量铸铁中，加热温度应在 650℃ 以上。加热升温速度一般选择 60~120℃/h，升温过快，可能引起模具开裂。保温时间一般为2~8h，使残余应力得到充分松弛。由于铸铁内部的残余应力主要是在铸铁的弹塑性温度区间（350~450℃）由不均匀冷却所形成的，因此铸铁模具时效后的冷却必须缓慢进行，冷却速度一般为30~60℃/h。

含有稀土元素的铸铁玻璃模具，其热处理工艺如下：760~780℃加热、保温8h，进行热时效退火处理，加热速度为120℃/h，冷却速度为50℃/h，冷却至250℃后进行空冷。

球墨铸铁模具也可以进行正火处理，以提高其强度、硬度和耐磨性。其热处理规范为750~800℃加热、保温40~60min后空冷。正火后的模具需要进行回火处理以消除内应力。回火规范为550~600℃加热、保温2~4h后空冷。

（二）耐热不锈钢的热处理

玻璃模具一般采用铸造工艺制造。一般说来，高合金铸钢容易产生严重的枝晶偏析，所得组织极不均匀，同一铸件的各个部位往往有不同的组织结构，并残留很大的内应力。因此，铸钢的热处理加热温度一般要高于相同成分的锻钢件（高20℃左右），奥氏体化的保温时间也要适当延长。

玻璃模具用的马氏体耐蚀不锈钢包括12Cr13、30Cr13、40Cr13、40Cr13Ni等，这些合金钢中 $w_{Cr}=13\%$，淬透性较好，通常采用调质处理工艺：加热到1000~1050℃油冷或空冷，然后在600~800℃进行高温回火。为防止因淬火应力而导致模具开裂，淬火后应立即进行回火处理，调质处理后得到的组织为回火索氏体。ZG12Cr13、ZG40Cr13等铸钢在300~580℃会出现回火脆性，故应尽量避免在此温度区间进行回火。玻璃模具常用马氏体不锈钢的热处理工艺规范见表6-3。

表6-3　玻璃模具常用马氏体不锈钢的热处理工艺规范[①]

钢牌号	退火温度/℃	淬火温度/℃	回火温度/℃	R_m/MPa	硬度　HRC
ZG12Cr13	850~900	950~1000	700~750	690~930	26~30
ZG40Cr13	850~900	1050~1100	650~760	760~960	28~32

① 退火后空冷，淬火保温至少30min后油冷或空冷。

铸造热作模具钢的热处理规范与同类型的锻钢相类似，一般采用预备热处理（退火）和最终热处理（淬火和回火），为消除铸造应力避免开裂，浇铸后应立即进行退火处理。铸造热作模具钢回火的目的是消除内应力和完成残留奥氏体的组织转变，回火一般需要进行2~4次，每次回火的保温时间不少于1.5h，且每次回火后必须冷却到20℃。玻璃模具常用热作模具钢的热处理工艺规范见表6-4。

表6-4　玻璃模具常用热作模具钢的热处理工艺规范[①]

钢牌号	退火温度/℃	淬火温度/℃	回火温度/℃	硬度　HRC
ZG3Cr2W8V	840~860	1050~1150	550~650	48~52
ZGW18Cr4V	930~950	1180~1220	550	58

① 退火保温2~4h后空冷；淬火保温15~20min后油冷；回火3次，每次保温1.5h。

（三）激光合金化热处理

激光合金化热处理是指以激光为热源，在模具表面涂覆上合金粉末，然后进行表面合金化的复合强化技术。为提高铸铁玻璃模具的使用寿命，有时需要对其进行激光合金化热处理。处理前，首先除去铸铁HT200上的铁锈，然后在模具表面涂上Ni-Cr-B-Si合金粉，合金成分为：w_{Cr} = 0.11% ~ 0.15%，w_B = 0.02% ~ 0.03%，w_{Si} = 0.02% ~ 0.03%，w_C = 0.003% ~ 0.006%，w_{Fe}≤0.17%，其余为Ni。合金粉末与模具的黏结剂为松香酒精溶液。激光合金化热处理时采用横流 CO_2 连续波JG-2激光器，处理工艺为：输出功率1200~1400W，光斑直径 ϕ3mm，扫描速度100~130mm/min，采用氩气保护。

(四) 热喷焊表面强化热处理

对模具进行表面强化处理，如高频感应加热表面淬火、金属堆焊、等离子喷涂、热喷焊等，是提高模具使用寿命的有效途径。采用热喷焊工艺进行表面强化，具有喷焊层组织致密、无孔、表面光滑、结合强度高、喷焊层厚度可根据实际要求在0.2~3mm范围内调整等特点，适用于几乎所有的玻璃模具材料。这里着重介绍3Cr2W8V钢玻璃模具的热喷焊工艺。

采用NiCr-12自熔合金粉末作为喷焊材料，其成分为：w_C = 0.15%，w_{Cr} = 10%，w_B = 2.5%，w_{Si} = 3.5%，w_{Fe}≤12%，其余为Ni。合金粉末的熔点为1070℃，线膨胀系数为14~16μm/(m·℃)，喷焊层的硬度为42HRC，合金中的镍、铬、硼各元素之间形成金属间化合物 Ni_2B、Ni_3B、CrB，均对喷焊层有明显的强化作用，高温下聚集长大的速度很慢，适合于800℃高温下长期工作的模具，因此喷焊层具有高的抗高温氧化能力和耐磨性。

喷焊工艺包括：模具表面处理→预热→喷敷→重熔→冷却。表面处理的目的是除掉模具表面的油污和铁锈。为使焊料在模具表面正常铺展，喷焊前需要将模具预热到200~250℃，对合金粉末也要加热到150℃进行烘干处理。预热时禁止使用氧化性火焰，预热温度也不宜过高，以免在模具表面产生新的氧化物。喷敷采用SYH-E型火焰喷枪，载粉气体为氧气，燃烧气体为乙炔，喷焊枪与模具表面的距离在150~200mm之间，喷敷层的厚度以0.2~0.5mm为宜，这样的厚度能保证喷敷层在重熔时能充分熔化，并与基体紧密结合。然后将喷敷层加热到合金粉末的熔点范围，即在其固相线和液相线之间的温度区间内进行重熔处理。重熔时采用SPH-C专用重熔枪。每次重熔后应用洁净的钢丝刷对喷焊层表面进行清理，除去喷焊层表面的熔渣。

五、玻璃模具材料及热处理工艺的选用实例

(一) 玻壳模具材料及其热处理

显像管玻壳的成分：w_{SiO_2} = 67.5%，$w_{Al_2O_3}$ = 5.0%，w_{BaO} = 12%，w_{K_2O} = 7%，w_{Na_2O} = 7%，w_{Li_2O} = 0.6%，w_{CaF_2} = 0.9%。熔化玻璃在炉中的温度为1300~1400℃，进入成型模中的玻璃熔体的温度约为1060℃，压制后玻壳温度为800℃左右，此时模具内表面的温度达到600~700℃，模具在高温下易被氧化和发生变形，玻壳脱模后，对模具进行吹风冷却，使模具表面迅速降温到420~450℃。因此，玻壳模具始终在周期性的急冷急热状态下工作，导致模具表面在交变热应力的作用下出现热疲劳裂纹。另外，玻壳中含有Si、Al、Li、Na及F等元素，对模具材料有较强的腐蚀性。

根据玻壳模具的使用条件，一般选用含铬的马氏体不锈钢和热作模具钢作为玻壳模具用材，可选的模具材料包括12Cr18Ni9、16Cr25Ni20Si2、12Cr13、30Cr13、40Cr13、40Cr13Ni、10Cr17、14Cr17Ni2等不锈钢以及3Cr2W8V、3Cr3Mo3V、3Cr3Mo3Co3V等热作模具钢。为了提高玻壳表面质量及延长模具使用寿命，有时还要在模具表面进行镀铬或扩散镀铬处理。

玻壳模具最常用的材料为40Cr13Ni。40Cr13Ni的化学成分见表6-5。

表6-5　40Cr13Ni的化学成分

元素符号	C	Si	Mn	Cr	Ni	S	P
质量分数(%)	0.35~0.45	≤1.0	≤1.0	12~14	0.6~1.5	≤0.03	≤0.035

玻壳模具通常采用铸造工艺成形，并经过必要的热处理和机械加工，得到最终的模具零件。造型时必须使工作面朝下，以防止在工作面附近产生砂眼和气孔。冒口要大，以利于铸造时钢液的补缩。造型时要用新砂，涂料为Al_2O_3，砂型和砂芯的烘烤温度为350℃。浇注温度不宜过高，以1500℃为宜。为了提高模具的冷热疲劳抗力，模具的工作面应当具有细小晶粒组织。由于铸造的模具坯料一般还要进行一定的机加工，因此铸造后得到的晶粒细化层厚度应当大于机加工余量。在型砂中放置冷铁，可以提高冷却速度，有助于得到较厚的细晶粒层。当然冷铁的厚度也不宜过大，其厚度一般在30~80mm之间，否则会因为冷却速度过大，形成垂直于表面的柱状晶粒，反而对提高冷热疲劳抗力不利。

模具材料的热处理可以选择在铸造后立即进行回火处理或者经高温淬火后再进行回火处理。40Cr13Ni钢铸造后立即在700℃回火两次，回火组织为铁素体和均匀分布的细粒状碳化物，硬度为24HRC；将铸造模具重新加热到1000℃淬火后，再进行两次700℃回火，处理后硬度为25HRC，其碳化物分布更加均匀。40Cr13Ni钢的热处理规范及力学性能见表6-6。

表6-6　40Cr13Ni钢的热处理规范及力学性能

热处理工艺	力学性能				
	R_m/MPa	A(%)	Z(%)	a_K/(J/cm²)	硬度　HRC
700℃回火两次	800	3.5	4.5	6.0	24
1000℃空冷淬火+700℃回火两次	800	5.0	6.0	7.5	25

由表6-6可以看出，增加1000℃空冷淬火工序，对于模具的力学性能并无明显改进，说明40Cr13Ni钢铸造后仅采用两次回火处理是完全可行的，其冷热疲劳抗力显著高于铸铁。

铸造过程中，在模具毛坯的型腔表面可能会出现一些缺陷，切削加工后，微小缺陷的暴露会影响压制玻壳的质量，因此需对模具进行补焊以消除缺陷。补焊可采用氩弧焊，焊丝成分宜选用30Cr15Ni2（降碳，提高铬、镍含量），补焊后应于700℃进行回火。

为提高玻璃制品的质量和模具寿命，可在模具型腔镀铬，镀铬层厚度为0.01~0.02mm。镀铬的工艺如下：铬酐250g/L，硫酸2.5g/L；电流密度为30A/dm²；电镀工作温度为65℃，镀覆时间约为30min。模具工作一段时间后若出现磨损，则需要将镀铬层退铬后再重新施镀。

在11位自动压力机上分别安装40Cr13Ni钢、16Cr25Ni20Si2钢、10Cr17钢、铸铁等材料制造的显像管屏凹模，进行使用对比试验。铸铁凹模压制玻壳5000件后，因凹模中心严重龟裂而报废；16Cr25Ni20Si2钢凹模因热导性差，不能适应压力机连续操作，无法和40Cr13Ni钢凹模同机继续试验；10Cr17钢凹模压制5万件后，因表面有砂眼不能再压出合格玻壳；只有用40Cr13Ni钢制玻壳模具时，压制15万次以上仍可继续使用，未出现龟裂。

（二）玻璃瓶模具材料及其热处理

不同种类玻璃模具的工作温度由500℃到1000℃以上，在压制玻璃制品时，模具型腔内表面周期性地承受骤冷骤热。另外，熔融的玻璃液体对模具的冲刷和腐蚀作用不能忽视。在这样的工作条件下，玻璃瓶成型模的主要失效形式有：氧化（起皮、剥落、麻点）、倒棱和变形。其中，鳞状剥落是玻璃瓶成型模报废的主要形式。由此可见，影响模具使用寿命的关键因素是模具材料的耐热性。当玻璃模具的工作温度在700℃以下时，通常选用灰铸铁作为玻璃模具材料；700~900℃时，采用合金铸铁；超过1000℃时，则采用铸造不锈钢。

由于铸铁具有制造方便、容易加工、价格低廉的特点，至今仍然是玻璃瓶成型模具最广泛使用的材料。铸铁中一般都含有C、Si、Mn、P、S及其他合金元素，各合金元素的作用可以简述为：铸铁中石墨的含量和形态对铸铁耐热性能有决定性的影响；硅是除碳以外对铸铁性质影响最大的元素，质量分数在低于0.35%时起石墨化的作用，也有利于生成铁素体；锰是碳化物形成元素，对材料的耐热性也起到有利的作用；磷可提高材料的耐磨性，但同时也提高了材料的脆性；硫的质量分数在不大于0.15%时，对材料性能无害，但含量较高时将使材料的脆性显著提高。

玻璃瓶制造业最早采用普通灰铸铁HT200作为模具材料，其化学成分见表6-7。

表6-7　灰铸铁HT200的化学成分

元素符号	C	Si	Mn	P	S
质量分数(%)	3.0~3.2	1.8~2.2	0.5~0.7	≤0.1	0.023~0.026

为提高灰铸铁HT200的耐磨性，一般需要对其进行正火处理。热处理工艺规范是将灰铸铁加热到奥氏体化温度850~900℃，保温1~3h，出炉后空冷。得到的金相组织为珠光体、少量铁素体及片状石墨。对于形状复杂的模具，有时还需要在550~600℃进行去应力退火，以消除模具在正火时产生的内应力。

铸铁材料的耐热性取决于材料在高温下的抗氧化性、抗生长能力及材料的热导率，而这与基体组织及组织中的石墨形态密切相关。铸铁显微组织中片状石墨的抗氧化、抗生长能力差，而球状石墨热导率低，蠕虫状石墨的性能介于这两者之间，综合性能最好，因此，蠕墨铸铁是较为理想的模具材料。珠光体组织的存在有助于提高铸铁材料的硬度和耐磨性。在铸铁中加入铜、铬、锡等元素，能促进珠光体的形成，提高铸铁的硬度，从而提高模具抗倒棱、抗擦伤、抗磨损的能力。加入硅、铝等元素，可以在模具表面形成致密的SiO_2和Al_2O_3钝化膜，从而提高模具的表面抗氧化能力。因此，为提高模具材料的使用寿命，需要向铸铁中加入少量的合金元素，并通过适当的铸造和热处理工艺来提高其性能。

灰铸铁HT200的耐热性较差，模具的使用寿命低。通过加入Ni、Cr、Mo、Sn、Cu、Al等元素，可以显著改善铸铁的性能。几种常用玻璃模具铸铁的化学成分见表6-8。

表6-8　几种常用玻璃模具铸铁的化学成分

材料	化学成分(%)						金相组织
	w_C	w_{Si}	w_{Mn}	w_S	w_P	其他	
低锡铸铁	3.0~3.2	1.8~2.2	0.55~0.71	0.023~0.026	≤0.1	$w_{Sn}=0.08$	98%珠光体片状
铜铬铸铁	3.0~3.2	1.8~2.2	0.55~0.71	0.023~0.026	≤0.1	$w_{Cu}=1.0$ $w_{Cr}=0.65$	90%珠光体片状
中硅铸铁	3.0~3.2	4.17	0.55~0.71	0.023~0.026	≤0.1	$w_{RE}=0.6$	铁素体蠕虫状

（续）

材料	化学成分(%)						金相组织
	w_C	w_{Si}	w_{Mn}	w_S	w_P	其他	
硅钼铸铁	3.0~3.2	4.23	0.55~0.71	0.023~0.026	≤0.1	$w_{Mo}=1.0$ $w_{RE}=0.6$	铁素体细片状
低锡蠕铁	3.0~3.2	1.8~2.2	0.55~0.71	0.023~0.026	0.1	$w_{Sn}=0.08$ $w_{RE}=0.6$	70%~80% 珠光体蠕虫状
低钼铸铁	3.0~3.2	1.8~2.2	0.55~0.71	0.023~0.026	0.1	$w_{Al}=2.5$ $w_{RE}=0.6$	20%珠光体蠕虫状

在铸造砂型中放置冷铁，使模具型腔表面产生激冷而形成球状石墨，而过渡层为蠕虫状石墨，使材料的耐热性和热导性能很好地协调起来，得到较为理想的显微组织。由表6-8可知，低锡蠕铁是制造玻璃瓶模具的较好材料。合金铸铁模具一般需要进行正火处理，热处理工艺规范是将合金铸铁加热到奥氏体化温度860~900℃，保温1~3h后空冷。

第二节　陶瓷模具材料及热处理

一、陶瓷材料与成型方法概述

（一）陶瓷原料组成

陶瓷是指以天然或人造非金属物质为原料，经成型和烧结而成的固体物质。普通陶瓷的主要原料为石英（SiO_2）、黏土、长石英等，现代精细陶瓷的原料则包括纯净的氧化物、碳化物、氮化物、硼化物等。这些原料的共同特点是具有极高的硬度，根据原料的种类和纯度，其硬度为1000~5000HV。

（二）陶瓷制品的成型方法

成型就是将坯料制成具有一定形状、强度的坯体，一般可根据产品的形状、大小、薄厚，坯料的性能，产品的产量和质量要求等因素确定不同的成型方法。与金属模具密切相关的成型方法包括压制成型等。所谓压制成型是指在坯料中加入少量水分或塑化剂，然后在金属模具中经较高压力压制成型的工艺过程，包括干压成型、半干压成型、等静压成型等。除此之外，常见的成型方法还包括压制法、压铸法、注浆法、滚压法等。不同成型方法的工艺特点见表6-9。

表6-9　不同成型方法的工艺特点

成型方法	压制法	挤压法	压铸法	注浆法	滚压法
产品种类	形状简单、尺寸精确、体积不大	管状等具有对称性产品	形状复杂、精度高、体积小	形状复杂、精度高	面积大、厚度较小
坯料	粉料，水分及黏结剂少	经真空处理	粉料经预烧，无水分	流动性和稳定性好	含较多水分
模具	金属压制模具	金属挤压嘴	金属热压模具	石膏模具	石膏模具
生产效率	量大，易实现机械化和自动化	量大，产品需进行切割	生产周期长，废料可回收	需大量模具，生产周期长	需要大量模具

二、陶瓷模具材料的服役条件、类型及热处理

（一）陶瓷模具的服役条件

制造陶瓷制品所用的金属模具，尤其是凹模工作时需要承担较大压力。试验表明，凹模的磨损量与压制压力之间接近线性关系，凹模还在具有磨料作用的陶瓷粉末反复研磨下工作，而且其磨损量不能超过产品精度所允许的范围。对于高温压制的产品，模具长期在高温下工作，还必须考虑材料在高温下抗蠕变和抗氧化的能力。

（二）陶瓷模具材料的类型

对陶瓷金属模具寿命有较大影响的因素主要包括模具零件的制造精度、表面硬度和显微组织、成型所用陶瓷粉末的种类和性能等。硬度可以直接反映材料的耐磨性能，抗磨损能力随硬度的增加而提高。因此，根据陶瓷生产的批量和陶瓷原料的类型，陶瓷模具材料可以采用碳素调质钢如45、50钢等，合金调质钢如40Cr、40CrNi钢等，合金工具钢如CrWMn、H13、Cr12、Cr12MoV钢等，以及硬质合金如YG15、YG8、YT15、GT35、GJW50等。原则上是批量较小的，选用碳素调质钢或合金调质钢，必要时对模具进行表面处理；对于批量较大、产品尺寸精度要求较高的，则选用合金工具钢；而对于原料硬度高的陶瓷，如高铝陶瓷或一些特种陶瓷，则选用硬质合金模具材料。

（三）陶瓷模具材料的热处理

陶瓷模具材料的热处理与普通模具钢的热处理规范基本相同，只是特别强调模具表面应具有较高硬度，有时需要对模具进行适当的表面热处理。

（1）调质钢的热处理　陶瓷模具若选用碳素调质钢和合金调质钢如45、40Cr钢等，一般采用调质处理，处理后的硬度为24~28HRC。45钢的调质工艺规范为：830~840℃水冷淬火，580~640℃回火后空冷。40Cr钢的调质工艺规范为：850℃油冷淬火，500℃回火后油冷。这类模具适用于压制批量小、陶瓷原料硬度较低或黏结剂较多的陶瓷制品。

一般情况下，陶瓷模具需要得到较高的表面硬度。因此，陶瓷模具选用45钢时，常常采用固体渗硼处理，以提高模具表面的硬度、耐磨性和耐蚀性。45钢常用的渗硼剂成分与渗硼工艺见表6-10。

表6-10　45钢常用的渗硼剂成分与渗硼工艺

渗硼剂成分	处理工艺		渗层厚度/mm	渗层金相组织
	温度/℃	时间/h		
57%~58%w_{B_4C}，40%$w_{Al_2O_3}$，3%~2%w_{NH_4Cl}	950~1050	3~5	0.1~0.3	FeB+Fe_2B
95%w_{B_4C}，2.5%$w_{Al_2O_3}$，2.5%w_{NH_4Cl}	950	5	0.6	FeB+Fe_2B
80%w_{B_4C}，20%$w_{Na_2CO_3}$	900~1100	3	0.09~0.32	FeB+Fe_2B
5%w_{B_4C}，5%w_{KBF_4}，90%w_{SiC}	700~900	3	0.02~0.1	FeB+Fe_2B
10%w_{KBF_4}，50%~80%w_{SiC}，余硼铁	850	4	0.09~0.1	Fe_2B

渗硼层中FeB的显微硬度为1800~2200HV，Fe_2B的显微硬度为1200~1800HV，比淬火、渗氮处理的工件具有更高的抗磨料磨损能力，特别适用于陶瓷模具内腔的表面处理。经渗硼处理后，通常还需要进行淬火和高温回火，其热处理规范为830℃水淬、580℃回火。

（2）合金工具钢的热处理　陶瓷模具往往需要得到较高的硬度，而合金工具钢热处理

后的硬度可达到50~60HRC。常用陶瓷模具用合金工具钢的热处理工艺规范见表6-11。

表6-11　常用陶瓷模具用合金工具钢的热处理工艺规范

材　料	热处理规范			
	锻造	退火	淬火	回火
H13（4Cr5MoSiV1）	1120~1150℃加热，1050~1100℃始锻，900~850℃终锻	860~890℃加热，保温3~4h；≤30℃/h冷却至500℃空冷	1020~1050℃油淬或空气淬火	560℃加热，保温2~3h后空冷
CrWMn	1100~1150℃加热，1050~1100℃始锻，800~850℃终锻	770~790℃加热，保温2~5h；≤30℃/h冷却至500℃空冷	820~840℃油淬	150~250℃加热，保温2~3h后空冷
Cr12MoV	1100~1150℃加热，1010~1100℃始锻，927℃终锻	870℃保温后快冷至750℃，保温6~8h；炉冷至500℃空冷	980~1030℃油淬	200~275℃加热，保温2~3h后空冷
Cr12	1100~1250℃加热，1010~1200℃始锻，927℃终锻	870℃保温后快冷至750℃，保温6~8h；炉冷至500℃空冷	950~1000℃油淬	200~450℃加热，保温2~3h后空冷

（3）硬质合金的热处理　陶瓷模具所用的普通硬质合金材料如YG8、YG15、YT15等，一般不进行热处理，而是在烧结状态下使用。如使用的模具材料是钢结硬质合金如GT35、GJW50等，则需要进行适当的热处理，以提高模具的硬度、强度、耐磨性和耐蚀性。常用钢结硬质合金的热处理工艺见表6-12。钢结硬质合金淬火、回火后的显微组织为TiC（或WC）+回火马氏体+碳化物。

表6-12　常用钢结硬质合金的热处理工艺

材料	淬　火　工　艺					回火温度/℃
	预热温度/℃	预热时间/min	加热温度/℃	保温时间①/(min/mm)	冷却介质	
GT35	800~850	30	960~980	0.5	油	180~200℃
T1	800	30	1240	0.3~0.4	600℃盐浴	560℃三次
GW50	800~850	30	1050~1100	2~3	油	200~300℃
GJW50	800~820	30	1020	0.5~1.0	油	200~300℃

① 保温时间=工件有效尺寸×热透速率。

习题与思考题

1. 试述玻璃模具失效的主要表现形式及其形成原因。
2. 玻璃模具经常使用的材料有哪些？试做简要分析。
3. 试述影响玻璃模具质量的关键因素及提高其使用寿命的主要途径。
4. 与普通灰铸铁和球墨铸铁相比，采用蠕墨铸铁制作玻璃模具有哪些特点？试分析其主要原因。
5. 试述铸铁玻璃模具的热处理工艺规范及其原理。
6. 与其他模具材料相比，陶瓷模具材料特别强调其硬度指标，为什么？
7. 试述常见陶瓷模具材料的热处理工艺规范。

第七章 模具表面处理技术

模具表面是模具的主要工作面，模具工作时将承受不同性质的外力作用，因零件结构和工作条件等因素所产生的应力集中也大多发生在模具表面，根据实际的使用统计，模具失效80%以上是由表面损伤引起的。因此，模具表面质量直接影响制件的质量和模具的使用寿命。

第一节　模具表面处理技术概述

模具失效往往始于模具表面，而模具表面性能的优劣将直接影响模具的使用及其寿命。模具表面和心部的性能要求不同，很难通过更换材料或改变模具的整体热处理来达到。采用不同的表面工程技术，能有效地提高模具表面的耐磨、耐蚀、抗咬合、抗氧化、抗热黏附、抗冷热疲劳等性能。模具材料及其热加工工艺的选择必须与表面强化技术结合起来进行全面考虑，才可能充分发挥模具材料的潜力，提高模具的使用寿命，获得最好的经济效益。例如渗硼层的高硬度、高耐磨性、高热硬性，以及一定的耐蚀性和抗黏着性，已在模具工业中获得了较好的应用效果。

近30年来，有许多新的科学技术渗透到表面强化技术领域，使模具的表面强化技术得到了迅速发展，由此开发出来的表面强化技术构成了目前材料表面工程技术的主流。例如激光技术是20世纪60年代出现的重大科技成就之一，20世纪70年代制造出大功率激光器以后，便开始用激光加热进行表面淬火。激光、电子束用于表面加热后，使表面强化技术提升到了一个新的技术境界，可大幅度改变硬化层的结构与性能。热喷涂技术作为一种新的表面防护和表面强化工艺在近20年里得到了飞速发展，由制备一般的装饰性和防护性涂层发展到制备各种功能性涂层，由产品的维修发展到大批量的产品制造，由单一涂层发展到包括产品失效分析、表面预处理、喷涂材料和设备选择、涂层系统设计和涂层后加工等在内的热喷涂系统工程。目前，热喷涂技术已经发展成为金属表面工程技术中一个十分活跃的独立领域。

20世纪70年代发展起来的离子注入技术，利用注入离子可得到过饱和固溶体、非晶态和某些化合物层，能改变材料的摩擦系数，提高表面硬度、耐磨性及耐蚀性，延长模具的使用寿命。

近十几年来电镀技术也得到了飞速发展，已由单一的金属镀发展到镀各种合金。尤其是局部电镀技术——刷镀已经成为金属表面工程新技术，在我国已得到普遍应用。将传统的电镀工艺与近代的激光技术结合形成的激光电镀是新兴的高速电镀技术，其效率比无激光照射的高1000倍。总之，将表面工程技术应用于模具表面，可达到如下目的：

1）提高模具表面的硬度、耐磨性、耐蚀性和抗高温氧化性能，大幅度提高模具的使用寿命。

2）提高模具表面抗擦伤能力和脱模能力，提高生产率。

3）采用碳素工具钢或量具刃具钢，经表面涂层或合金化处理后，可达到或超过高合金化模具材料甚至硬质合金的性能指标，不仅可以大幅度降低模具材料成本，而且可以简化模具制造的加工工艺和热处理工艺，降低生产成本。

4）可用于模具的修复，尤其是电刷镀技术可在不拆卸模具的前提下完成对模具表面的修复，且能保证修复后的工作面仍有符合要求的表面粗糙度值，因而备受工程技术人员的重视。

5）可用于模具表面的纹饰，以提高其塑料制品的档次和附加值。

由于表面工程技术可应用于模具表面处理的种类繁多。本章只介绍几种在工程中应用较为广泛的模具表面处理技术，如模具的化学热处理、涂镀技术、气相沉积技术以及模具表面的其他处理技术。

第二节　模具表面的化学热处理技术

化学热处理是指将工件置于一定的活性介质中保温，使一种或几种元素渗入其表层，以改变其成分、组织和性能的热处理。化学热处理的种类很多，一般都以渗入的元素来命名，常用的化学热处理方法有：渗碳、渗氮、碳氮共渗、渗硼、渗金属等。

一、渗碳

渗碳是将工件置于含有活性碳的介质中，加热到850~950℃，保温一定的时间，使碳原子渗入工件表面的化学热处理工艺。工件经渗碳后其表面硬度和耐磨性得以大大提高，同时由于心部和表面的碳含量不同，硬化后的表面获得有利的残余压应力，从而进一步提高了渗碳工件的弯曲疲劳强度和接触疲劳强度。根据渗碳介质的物理状态不同，渗碳方法分为固体渗碳、液体渗碳、气体渗碳、真空渗碳和离子渗碳等。以下对常用的渗碳方法加以简要说明。

（1）固体渗碳　是将工件置于填满木炭和碳酸钡的密封箱内进行渗碳，其中木炭是渗碳剂，碳酸钡是催渗剂。渗碳温度一般为900~950℃，对于某些高合金钢，渗碳温度可提高到1000~1100℃。在此高温下，木炭与空隙中的氧气发生反应形成CO_2，CO_2与C反应形成不稳定的CO，CO在工件表面分解得到活性碳原子［C］，即可渗入工件表面形成渗碳层。

（2）气体渗碳　采用液体或气体碳氢化合物作为渗碳剂。国内应用最广的气体渗碳方法是滴注式气体渗碳，其方法是将工件置于密封的加热炉中，滴入煤油、丙酮、甲苯及甲醇等有机液体，这些渗碳剂在炉中形成含有H_2、CH_4、CO和少量CO_2的渗碳气氛，钢件在高温下与气体介质发生反应而形成渗碳。工件经渗碳后必须进行淬火才能获得高硬度、高耐磨性。渗碳主要用于承受大冲击、高强度，使用硬度为58~62HRC的小型模具。

（3）真空渗碳　是一个不平衡的增碳扩散型渗碳工艺，将被处理的工件在真空中加热到奥氏体化温度，并在渗碳气氛中进行渗碳，然后进行扩散、淬火。由于渗碳前是在真空状态下加热，钢材表面很干净，非常有利于碳原子的吸附和扩散。与气体渗碳相比，真空渗碳的温度高、渗碳时间可显著地缩短。

渗碳工艺应用于模具表面强化，主要体现在两个方面。一方面用于低、中碳钢的渗碳。

例如，塑料制品模具的形状复杂，表面粗糙度值要求小，常用冷挤压反印法来制造模具的型腔。因此，可采用碳含量较低、冷塑性变形性能好的塑料模具钢，如美国的P2、P3、P4、P5钢，我国的20、20Cr、12CrNi3A钢等。先将退火状态的模具钢采用冷挤压反印法成形，再进行渗碳或碳氮共渗处理。对压制含有矿物填料的塑料制品时，模具的渗碳层深度应厚一些，一般为1.3~1.5mm。压制软性塑料时，渗碳层为0.8~1.2mm，对有尖齿、薄边的模具，则以0.2~0.6mm为佳。渗碳时，应控制表层碳含量在w_C=0.7%~1.0%的范围内，过高的碳含量将使模具表面抛光性能变差，影响塑料制品的质量。预硬型塑料模具钢（P20钢）经渗碳淬火后，不仅可使钢的表面硬度大幅度提高，而且易使模具抛光达到镜面的表面粗糙度值要求。另一方面应用于部分热作模具及冷作模具上。例如，3Cr2W8V钢热挤压模具，先渗碳再经1140~1150℃淬火、550℃回火两次，表面硬度可达58~61HRC，使热挤压非铁金属及其合金的模具寿命提高1.8~3.0倍。

20世纪80年代中后期出现的CD渗碳法（碳化物弥散析出渗碳）是采用含有大量强碳化物形成元素（如Cr、Ti、Mo、V）的模具钢在渗碳气氛中进行加热，在碳原子自表面向内部扩散的同时，渗层中会沉淀出大量弥散合金碳化物，弥散碳化物含量可达50%以上，碳化物呈细小均匀分布，淬火、回火后可获得很高的硬度和耐磨性。经CD渗碳的模具心部不会像Cr12型模具钢和高速钢那样出现粗大共晶碳化物和严重的碳化物偏析，因而其心部韧性比Cr12MoV钢提高3~5倍。实践表明，CD渗碳模具的使用寿命大大超过Cr12型冷作模具钢和高速钢模具的使用寿命。

二、渗氮

渗氮是将工件置入含有活性氮原子的气氛中，加热到一定温度，保温一定时间，使氮原子渗入工件表面的热处理工艺。渗氮的目的是提高工件的表面硬度（可达1000~1200HV）、耐磨性、疲劳强度及耐蚀性。常用的渗氮钢有38CrMoAlA、Cr12、Cr12MoV、3Cr2W8V、5CrNiMo、4Cr5MoSiV1等。模具在渗氮前一般要进行调质处理，为了不影响模具的整体性能，渗氮温度通常不超过调质处理时的回火温度，一般为500~570℃。常用的渗氮方法有气体渗氮、离子渗氮等。

(1) 气体渗氮　通常是在井式炉内进行，是将已除油净化后的工件放在密封的炉内加热，并通入氨气。氨气在380℃以上会分解出活性氮原子，并被钢件表面所吸收，形成固溶体和氮化物，氮原子逐渐向里扩散，从而获得一定深度的渗氮层。常用的气体渗氮温度为550~570℃，渗氮时间取决于所需的渗氮层深度。一般渗氮层深度为0.4~0.6mm，其渗氮时间为40~70h，故气体渗氮的生产周期很长。

常规气体渗氮周期长、生产率低、费用高、对材料要求严格，因而在应用上受到一定的限制。长期以来，人们在不断探索新的渗氮方法，有许多新工艺日趋成熟，正在生产中被广泛采用，如离子渗氮、真空渗氮等。

(2) 离子渗氮　是在一定的真空度下，利用工件（阴极）和阳极之间产生的辉光放电现象进行的，所以又称为辉光离子渗氮。将工件置于离子渗氮炉中，以工件为阴极，以炉壁为阳极，通入400~750V的直流电，氨气被电离成氮和氢的正离子及电子，这时工件表面形成一层辉光。具有高能量的氮离子以很大的速度轰击工件表面，由动能转变为热能，使工件表面温度升高到450~650℃；同时氮离子在阴极上获得电子后，还原成氮原子而渗入工件表面，并向内部扩散形成渗氮层。

离子渗氮的特点：

1）渗氮速度快、生产周期短。以38CrMoAlA钢为例，要求渗氮层深度为0.5~0.7mm，硬度大于900HV时，气体渗氮需50h以上，而离子渗氮只需15~20h。

2）渗氮层质量高。由于离子渗氮的阴极溅射有抑制形成脆性层的作用，因此明显提高了渗氮层的韧性和疲劳极限。

3）工件变形小。

4）对材料的适应性强。

5）成本高，对模具表面有小孔或沟槽的区域强化效果不好。

不同的模具钢，选用不同的渗氮工艺参数，可以得到不同的渗氮层厚度和表面硬度。40Cr钢的渗氮温度为480~500℃，保温时间为24~26h，其渗氮层厚度为0.2~0.3mm，表面硬度可达600HV以上；30CrMnSi钢的渗氮温度为490~510℃，保温时间为28~30h，其渗氮层厚度为0.2~0.3mm，表面硬度可达58HRC以上；4Cr5MoSiV1钢的渗氮温度为530~550℃，保温时间为10~12h，其渗氮层厚度为0.15~0.20mm，表面硬度可达760~800HV。

渗氮一般是模具在整个制造过程中的最后一道工序，以后只可能进行精磨或研磨加工，渗氮前一般要先进行调质处理，以获得回火索氏体组织。渗氮层具有优良的耐磨性，对冷、热模具都适用。例如3Cr2W8V钢压铸模、挤压模等经调质处理并在520~540℃渗氮后，使用寿命比未经渗氮的模具提高2~3倍；又如，对从德国引进的压力机热冲模进行解剖分析发现其表面约有140μm的渗氮层。

三、气体碳氮共渗和氮碳共渗

碳氮共渗和氮碳共渗都是向钢表面同时渗入碳、氮原子的过程，但碳氮共渗是以渗碳为主，而氮碳共渗是以渗氮为主。

碳氮共渗的方法有液体碳氮共渗和气体碳氮共渗。其主要目的是提高工件的表面硬度、耐磨性和疲劳极限。生产中应用较广的是中温气体碳氮共渗，是以渗碳为主的碳氮共渗工艺，其共渗的介质是渗碳和渗氮用的混合气体。目前，我国生产中最常用的是在井式气体渗碳炉中滴入煤油（或甲苯、丙酮等），同时向炉中通入渗氮用的氨气。气体碳氮共渗所用的钢种，大多为低碳或中碳的碳钢及合金钢，其共渗温度常采用820~860℃。气体碳氮共渗的碳、氮含量主要取决于共渗温度。共渗温度越高，共渗层的碳含量越高，氮含量越低；反之，共渗温度越低，共渗层碳含量越低，氮含量越高。

气体氮碳共渗是以渗氮为主的氮碳共渗工艺，生产上把这种工艺称为气体软氮化。常用的共渗介质有氨加醇类液体（甲醇、乙醇）以及尿素、甲酰胺和三乙醇胺等，在一定温度下会发生热分解反应，产生活性氮、碳原子，被工件表面吸收，通过扩散渗入工件表层，从而获得以氮为主的氮碳共渗层。气体氮碳共渗的常用温度为550~570℃，时间为2~5h。与气体渗氮相比，低温气体氮碳共渗具有以下特点：

1）渗入温度低，时间短，工件变形小。

2）不受钢种限制，碳钢、合金结构钢、合金工具钢、不锈钢等材料均可进行低温气体氮碳共渗。

3）能显著提高工件的疲劳极限、耐磨性和耐蚀性。

4）共渗层硬度高，并具有一定的韧性，不易剥落。

目前，低温气体氮碳共渗已经广泛用于压铸模、热挤压模、锤锻模、冲压模、塑料模等。但低温气体氮碳共渗层中化合物层厚度较薄（0.01~0.02mm），且共渗层硬度梯度较陡，故不适宜在重载条件下使用。

四、渗硼

渗硼可以使模具表面获得很高的硬度（一般为 1500~2000HV），因而能显著提高模具的表面硬度、耐磨性和耐蚀性，是一种提高模具使用寿命的有效方法。例如 Cr12MoV 钢制冷镦六方螺母凹模，经一般热处理后，使用寿命为 3 千~5 千件，经渗硼处理后，可提高到 5 万~10 万件。

钢铁材料渗硼后，渗硼区主要由两种不同的硼化合物（Fe_2B 和 FeB）组成。FeB 中的硼含量高，具有较高的硬度（1800~2000HV），但其脆性大，易剥落；Fe_2B 的硬度较低（1400~1600HV），但脆性较小。通常希望渗硼区中 FeB 的含量少些，甚至希望得到单相的 Fe_2B 层。渗硼过程包括分解、吸收、扩散三个阶段，以下介绍三种常用的渗硼方法。

（一）粉末法（固体渗硼法）

将工件埋在富含硼的粉末中，并在大气、真空或保护气氛条件下加热至 850~1050℃，保温 3~5h，可获得 0.1~0.3mm 厚的渗硼层。

渗硼剂可以用无定形硼、硼铁、硼氟酸钠、碳化硼、无水硼砂等含硼物质，并配制适量的氧化铝和氯化氨等制成。也可将渗硼剂喷于工件上或制成膏状涂敷在工件表面，然后采用感应加热使之在短时间内产生扩散，获得一定的硼化物渗层。

固体渗硼的设备较为简便，适用于处理大型模具。固体渗硼的缺点是：渗硼速度较慢；碳化硼、硼铁粉等价格昂贵；热扩散时间较长，且温度高，渗层浅等。

（二）熔盐法

熔盐法是将工件置于熔盐中进行扩散渗硼的方法。盐浴成分有不同组合：用无水硼砂加入碳化硼或硼化铁组成，在 900~1000℃保温 2~5h，得到 0.15~0.35mm 的渗层；用熔融的硼砂加入氯化钠、碳酸钠或碳酸钾组成，渗硼温度在 700~850℃保温 1~4h，可得到0.08~1.5mm 渗层；用氯化钡及氯化钠中性盐浴加入硼铁或碳化硼，在 900~1000℃保温 1~3h，可得到 0.06~0.25mm 的渗层；在以价廉的硼砂为主体的盐浴中加入碳化硅或硅化钙等还原剂，在 900~1100℃保温 2~6h，可得到 0.04~1.2mm 的渗层。

熔盐法渗硼的优点是：可通过调整渗硼盐浴的配比，来控制渗硼层的组织结构、深度和硬度；渗层与基体结合较牢，模具表面粗糙度不受影响；工艺温度较低；渗硼速度较固体法快；设备和操作简便。此方法的缺点是盐浴的流动性较差，模具表面残盐的清洗较困难。

（三）气体渗硼法

将被处理的工件在二硼烷或三氯化硼和氢等气体中加热，渗硼温度为 750~950℃，保温 2~6h，可得到 0.05~0.25mm 的渗层。

气体渗硼法的优点是：渗层均匀，渗硼温度范围较宽，渗硼后工件表面清洗方便。但由于二硼烷不稳定并有爆炸性，而三氯化硼容易水解，此方法尚待进一步完善。

目前我国大多数工厂采用熔盐渗硼法，盐浴采用硼砂加碳化硅的较多。钢材的化学成分对渗硼厚度有很大的影响，低碳钢的渗硼速度最快，增加钢的碳含量或合金元素含量，将使渗硼速度减慢。钢中含有铬、锰、钒、钨等元素时，还会使渗硼层中富硼化合物的相对量增多。此外，钢材渗硼时，硼化物呈针状晶体而楔入基体材料中，与基体间保持较广的接触区域，使硼化物不易剥落。但随钢中碳含量和合金元素含量的增加，不仅使渗硼层减薄，而且硼化物针的楔入程度也会减弱，渗硼层与基体的接触面趋于平坦，结合力变差。一般认为含硅的钢不宜用来制作渗硼的模具。原因是渗硼后，在渗层与基体的过渡区存在明显的软带区，其硬度会低至 200~300HV，使渗层在使用中极易剥落。

模具的使用寿命与渗硼层的厚度有一定关系。当渗硼层厚度超过一定值后，模具的使用寿命反而降低，故应根据基体材料及模具使用情况，确定适当的渗硼层厚度。模具不仅要求其表面有高的硬度和耐磨性，并且还要求其基体有足够的强度和韧性，故模具渗硼后必须进行淬火、回火处理，以改善其基体的性能。由于 FeB、Fe_2B 和基体的热膨胀系数不同，因此在淬火加热时要进行充分预热，冷却时按照基体材料的不同采用尽可能低的冷却速度，以免出现渗硼层的开裂和脱落。对高合金钢模具的加热温度必须严格控制，因为 Fe-Fe_2B 在 1149℃时会发生共晶转变，因此淬火加热温度不得超过 1149℃，否则渗硼层会出现熔化现象。对一些基体性能要求不高的模具，渗硼后可直接转入加热，保温一定时间后，进行淬火。

图 7-1 所示为 W18Cr4V 钢制铝锭成形冷挤压模结构示意图及其热处理工艺曲线，使用效果良好。

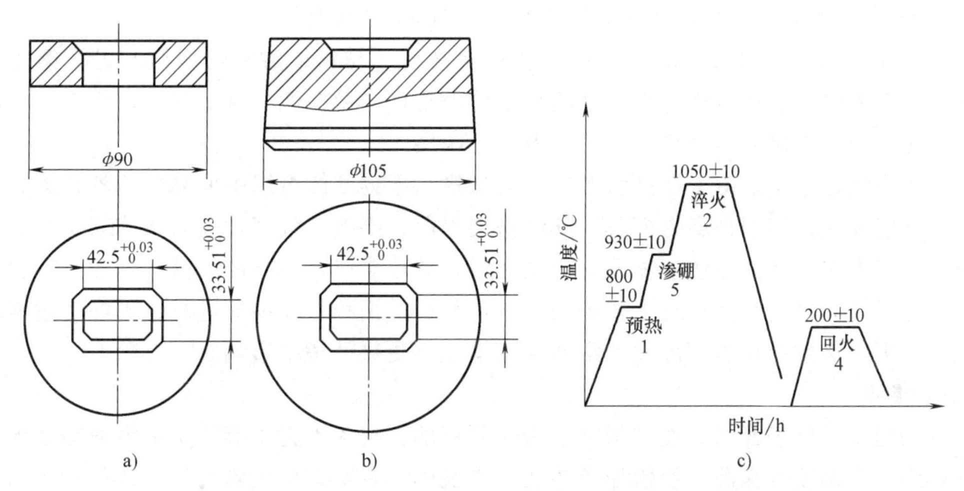

图 7-1　W18Cr4V 钢制铝锭成形冷挤压模结构示意图及其热处理工艺曲线

a）上型腔　b）底部　c）热处理工艺曲线

五、渗金属

将钢件加热到适当温度，使金属元素扩散并渗入钢件表层的化学热处理工艺称为渗金属，渗入的金属元素与工件表层中的碳结合形成金属碳化物的化合层，如（Cr，Fe）$_7C_3$、VC、NbC、TaC 等，此层为过渡层。渗金属工艺适用于高碳钢，渗入元素大多数为 Cr、V、W、Mo、Ta 等碳化物形成元素。为了获得碳化物层，基体材料碳的质量分数必须超过 0.45%。渗金属的方法可分为直接扩散法和覆层扩散法两大类。直接扩散法和其他化学热处理一样，即将模具直接放置于固体、液体或气体的渗金属介质中进行加热扩散，并形成渗层。覆层扩散法是将欲渗的金属，用电镀或喷镀（喷涂）、热浸镀等方法覆盖在金属基体的表面，然后加热扩散形成渗层。模具表面的渗金属通常有渗铬、渗钒等。

（一）渗铬

将铬渗入工件表面的化学热处理工艺称为渗铬，其目的是提高工件的耐磨性、耐蚀性和抗氧化性。例如，9CrWMn钢制铁索拉深模（板料为08F），在没有渗铬时只能拉深几百次或1000次就会产生拉毛磨损现象，后经渗铬处理，其使用寿命延长到10万次；某厂对高碳钢制造的压弯模、拉深模进行固体包装渗铬，其使用寿命超过原来的3倍以上。与电镀铬相比，渗铬层致密、均匀，并且与基体的结合比较牢固，同时渗铬层的耐蚀性、抗氧化性也比镀铬层好。渗铬方法有固体渗铬法、盐浴渗铬法和气体渗铬法等。在模具生产中应用较多的是固体渗铬法中的粉末渗铬法和真空渗铬法。

（1）粉末渗铬法　与固体渗碳相似，将工件埋放在装有渗铬剂的铁箱中，经严格密封后，加热到渗铬温度保温，使活性铬原子渗入工件表面。常用的渗铬剂一般包括铬粉或铬铁粉、氧化铝以及氯化铵等组成。铬粉或铬铁粉是基本组成物，依靠其产生活性铬原子；氧化铝的加入起稀释、填充剩余空间和减少渗铬剂黏结等作用；氯化铵是一种催渗剂，能促进渗铬反应的进行，在升温时又起排气作用。

铬原子在铁中的扩散速度比碳的扩散速度要慢得多，因此渗铬需要更高的加热温度和更长的保温时间。固体渗铬通常采用1050~1100℃加热，保温6~12h。对于低碳钢可获得0.05~0.15mm的渗铬层，高碳钢可获得0.02~0.04mm的渗铬层。

（2）真空渗铬法　将渗铬的工件放进装有渗铬剂（与粉末渗铬法相同）的炉罐中，把炉罐放入真空炉内，边抽真空边加热升温，主要为防止铬粉在加热时氧化。真空渗铬的渗层质量高，时间短，渗铬剂消耗少，因而获得广泛应用。

模具在渗铬过程中，由于在高温下长时间加热，导致基体组织中的晶粒剧烈长大，使基体的力学性能降低，特别是高碳模具，其渗铬层很薄，要求有强度较高的基体来支持，否则会在使用过程中因为受力而使基体发生塑性变形，导致渗铬层的脆性剥落。因此，渗铬后还需对模具进行热处理，其热处理工艺仍按照基体材料的钢牌号及要求进行，不必考虑渗铬层的组织，因为渗铬层的组织、硬度和耐磨性基本上不受热处理的影响。

（二）渗钒

渗钒以提高工件表面耐磨性和耐蚀性为主要目的，将工件置于能产生活性钒原子的介质中，加热到一定温度并保温，使钒原子渗入工件表面，并与碳形成碳化物。渗钒的方法主要有固体粉末渗钒和硼砂盐浴渗钒两种，目前生产中应用较多的是硼砂盐浴渗钒。

渗钒层在众多硬化层中具有最高的显微硬度，从而使渗钒层具有非常好的耐磨性。例如，Cr12钢制作的螺母冷镦模经渗钒后使用寿命提高6倍；GCr15钢制作的冷挤轴承环凹模，渗钒后使用寿命提高8倍。据报道，硼砂盐浴渗钒所获渗层，不仅耐磨性好，而且具有较低的摩擦系数和优异的抗黏着性能，故多用于热挤压模。

（三）TD法渗钒、渗铌和渗铬

TD法是用熔盐浸镀法、电解法及粉末法进行扩散型表面硬化处理技术的总和。实践中应用最广的是用熔盐浸镀法在模具表面获得VC、NbC、Cr_7C_3等碳化物型渗层。其主要工艺过程是：将脱水硼砂$Na_2B_4O_7$（占熔盐总质量分数的70%~90%）放入耐热钢坩埚中熔融，加入含有欲渗金属的铁合金或其氧化物，再将具有一定碳含量的钢制模具浸入盐浴，在800~1200℃的温度下保温1~10h（时间长短取决于处理温度和涂层厚度），便可得到由渗入金属的碳化物构成的表面层。形成碳化物所需要的碳由被渗钢模基体中的碳供给，碳原子不断向外扩散，使碳化物层不断加厚。实用的碳化物层厚度在 5~15μm 范围内，厚度过大将导致表面碳含量不足，形成低碳化合物。

这些金属的碳化物具有极高的硬度。如 VC 的硬度约为 3000HV，NbC 的硬度约为 2500HV，在 800℃的温度下也能保持硬度在 800HV 以上，并且摩擦系数较小，因而其耐磨性明显高于渗氮、渗硼、镀铬及电火花硬化等其他表面处理。碳化物层的热稳定性高，抗热黏结和抗咬合性能优良，还具有良好的耐蚀性，能抵抗 Al、Zn 合金液的侵蚀，铬的碳化物还有优越的抗氧化性。经熔盐浸镀法处理所得到的碳化物层并不降低材料的韧性，且抗剥落性良好。与其他在表面形成高硬层的工艺相比，TD 法设备简单、操作方便、生产能力高、成本低，且还具有以下优点：

1）不论模具形状如何复杂，都能形成均匀的碳化物被覆层。

2）处理后的表面粗糙度与处理前大致相同。

3）熔盐的使用寿命长。

4）碳化物层磨损后可重新处理，不需要清除残留的碳化物，不影响与基体的结合力。

5）母材钢种较广，且可通过淬火使基体强化。

TD 法处理工艺可用于要求高耐磨的各种冷作模具和热作模具。例如，某凸凹模冲裁加工轴用挡圈，被加工材料为 65Mn 钢板，厚度为 1.5mm。原用 Cr12 钢制造的模具易于断裂失效，平均寿命为 1000 件，后改用强韧性高的 65Nb 钢制造，为提高其耐磨性采用了熔盐渗钒，结果消除了断裂失效现象，模具工作寿命达 8000 件。

采用 TD 法获得碳化物涂层的工艺也有一定的局限性，在应用于模具的表面硬化时，要注意以下几点：

1）处理温度高，渗层会引起尺寸胀大，对高精度模具应采取措施，预防变形。

2）处理前模具必须加工到所要求的表面粗糙度，以保证处理后的表面质量。

3）当载荷过大，引起模具产生塑性变形时，会引起碳化物层产生裂纹。

4）薄刃模具在薄刃处供碳不足，难以形成厚的碳化物层。

5）对基体材料的碳含量应合理选择，在不影响钢的韧性或其他性能的条件下，应保证能提供足够的碳，以形成碳化物。

6）模具在 500℃以上氧化性气氛中长期使用，会使 VC、NbC 等碳化物层氧化，影响其性能。

第三节　模具表面的涂镀技术

表面涂镀的历史较早，开发之初是为了满足人们对防腐和装饰的要求。随着科学技术的进步，涂镀技术的应用范围越来越广，如在模具上应用不仅可提高其耐蚀性，而且还可用来提高模具的硬度和耐磨性等。常用的涂镀技术有电镀、电刷镀、化学镀、热浸镀等。

一、电镀

（一）电镀的基本原理和特点

电镀是指在直流电的作用下，使电解液中的金属离子还原并沉积在零件表面而形成具有一定性能的金属镀层的过程。电镀的基本装置包括电镀槽、直流电源、阴极与阳极、电镀液等。其中，阴极即为被镀材料，阳极分为可溶性阳极和不可溶性阳极。电镀液的基本组成包括盐溶液和络合物溶液两种类型。除此之外，还有一些为改善镀层质量而加入的化合物，如导电盐、阳极活化剂和添加剂（光亮剂、平整剂等）。

（1）盐溶液 金属离子在镀液中以简单离子（水合离子）的形式存在时称为单盐溶液。如硫酸盐镀铜时的铜离子就是简单离子。在单盐溶液中一般要加入一些添加剂，才能获得光亮平整的镀层。

（2）络合物溶液 在镀液中金属离子与络合剂形成络合物并离解成为络离子，金属离子存在于络离子中，即称为络合物溶液。稳定的络合物使金属离子浓度显著下降，溶液体系的平衡电位向负方向移动。络合剂的种类对镀液电化学性质有很大影响，络合剂的加入可以显著改变电化序中各元素的相对位置。

（3）导电盐 为了提高电镀溶液的导电能力，降低槽端电压，提高工艺电流密度而加入导电能力较强的物质，如镀镍溶液中的Na_2SO_4。

（4）缓冲剂 在弱酸碱性溶液中加入适当的缓冲剂，使镀液有自行调节pH值的能力，保持溶液的稳定性，如KCl镀Zn溶液中的硼酸。

（5）阳极活化剂 在电镀过程中，大多数采用可溶性阳极来补充不断消耗的金属离子，使在阴极析出的金属量与阳极溶解量相等，保持镀液成分平衡。加入活化剂能维持阳极处于活化状态，不发生钝化，溶解正常。

（6）添加剂 用来改善镀液性能、提高镀层质量，如细化晶粒、光亮镀层、整平作用、润湿作用、提高镀层硬度、降低涂层应力等。

（二）金属电镀的基本工艺过程

金属电镀的基本工艺过程可表示为：磨光→抛光→脱脂→水洗→去锈→水洗→电镀→酸洗→碱洗→清洗→出槽。

影响电镀层质量的几个基本因素：

（1）溶液pH值 影响氢的放电电位、碱性夹杂物的沉淀或水化物的组成以及添加剂的吸附程度，太低或太高的pH值都不利于电镀，必须通过试验进行测定。

（2）电流参数 电流密度太低时，镀层晶粒大，电流密度过高，又易形成结瘤和枝状结晶，甚至烧焦。电流密度的大小与电镀液的组成、主盐浓度等有关。

（3）添加剂 包括光亮剂、整平剂、润湿剂等。

（三）常用金属的电镀

（1）电镀铬 镀铬层有良好的耐蚀性。根据镀液成分和工艺条件不同，镀铬层的硬度可在400~1200HV范围内变化。在低于500℃下加热，对镀铬层的硬度无影响。镀铬层的摩擦系数低，尤其是干摩擦系数是所有金属中最低的，故有很好的耐磨性。镀铬层的种类很多，主要包括：

1）防护、装饰性镀铬层：厚度为0.5μm，广泛用于汽车、自行车、钟表、日用五金等。

2）镀硬铬：硬度高、摩擦系数小、耐磨性好、耐蚀性好且镀层光亮，与基体结合力较强，可用作冷作模具和塑料模具的表面防护层，以改善其表面性能。镀层的厚度可达0.3~0.5mm，可用于尺寸超差模具的修复。镀硬铬是在模具上应用较多的表面涂镀工艺，常用的工艺参数：温度57~63℃，电压12V，电流密度45~50A/dm^2。对胶木模进行镀硬铬处理后，其使用寿命可提高 3~4 倍。

3）松孔镀铬：若采用松孔镀铬，使镀层表面产生许多微细沟槽和小孔以便吸附、储存润滑油，这种镀层具有良好的减摩性和抗黏着能力。例如，在 3Cr2W8V 钢制压铸模的型腔表面镀上 0.025mm 厚的多孔性铬层，可提高使用寿命 1 倍左右。

（2）电镀锌　电镀锌工艺简单，成本低廉。锌层具有良好的抗氧化性能，即使受到腐蚀，锌作为阳极，也能有效地保护钢材。因此，电镀锌层是工业上应用最为广泛的电镀层，电镀产品有 50%是以镀锌出厂的。在比较干燥的空气中，镀锌层只需 6~12μm；而在恶劣条件下需要 20~50μm。实际使用的镀锌层是在铬酸中钝化处理的，可以提高防护能力 5~8 倍。

（3）电镀镍　电镀工业中仅次于电镀锌生产量的产品是电镀镍。镍镀层的硬度因电镀工艺的不同可在 150~600HV 之间变化。镍镀层主要用于两个目的：

1）由于孔隙率高，常常作为防护装饰性镀层体系的中间层或底层。

2）作为色彩柔和、不反光的锻面镍。

镀镍的主要种类有镀暗镍、镀光亮镍和多层镀镍。

（4）电镀锡　锡具有银白色的外观，原子价有二价与四价两种。锡具有耐蚀、耐变色、无毒、易钎焊、柔软和延展性好等优点，尤其是因为其耐蚀、耐变色和无毒等特点，被广泛用作食品容器如易拉罐等保护层。电镀锡占镀锡板的 90%以上，其余为热浸镀锡。镀锡有两种电镀液：一种是酸性光亮镀锡液，另一种是碱性镀锡液，现在广泛应用的是前者。

二、电刷镀

电刷镀是在可导电工件（或模具）表面需要镀覆部位快速沉积金属镀层的技术。与普通电镀的原理相同，但其形式特殊。电刷镀装置及工作原理如图 7-2 所示。

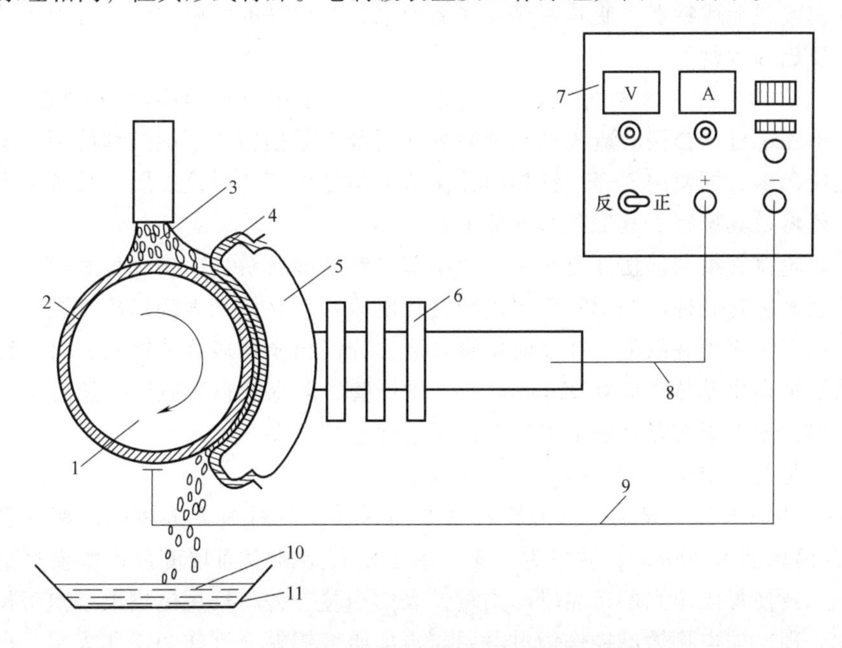

图 7-2　电刷镀装置及工作原理

1—工件　2—镀层　3—镀液　4—包套　5—阳极　6—导电柄　7—电刷镀电源
8—阳极电源　9—阴极电源　10—循环使用溶液　11—拾液盘

电刷镀时，直流电源的负极接工件作为电镀的阴极，正极与镀笔中的不溶性阳极连接。镀笔由高纯度细结构的石墨阳极及前端包裹的涤棉套组成，石墨阳极做成与被镀表面相配合的形状，涤棉套浸满镀液以代替镀槽。施镀过程中，使阳极前端的涤棉套接触工件表面并沿表面相对滑动，镀液不断地添加在涤棉套和工件表面之间，镀液中的金属离子在电场作用下向工件表面迁移，在表面上被还原成金属原子并沉积成镀层。

电刷镀设备主要包括电源、镀笔、镀液、泵、回转台等。电源电压在3~30V无级可调，电流在30~100A视所需功率而定。

(一) 电刷镀的工艺特点

(1) 不受镀件限制　电刷镀工艺灵活，操作方便，不受镀件形状、尺寸、材质和位置的限制。对于复杂型面，凡是镀笔能触及的地方均可施镀；对于难以拆卸、搬动或难以入槽的大型零件，可以在现场不解体施镀；对于小孔、深孔、沟槽等局部表面以及划痕、凹陷、磨损等局部表面缺陷处也便于施镀。

(2) 镀层质量高　由于镀笔在工件表面不断移动，沉积金属的结晶过程不断受到中断放电和外力作用的干扰，因而获得的镀层组织具有超细晶粒和高密度位错，其硬度、强度较高。同时镀层与基体金属的结合力较强，镀层表面光滑。

(3) 沉积速度快　电刷镀的阴极和阳极之间仅有涤棉套的阻隔，距离很近，一般不大于5~10mm。金属离子的迁移距离短，可采用高浓度镀液和大电流密度施镀，而不会产生金属离子的贫乏现象，因而沉积速度快，生产率高。

(4) 适用范围广　一套电刷镀设备可采用多种镀液，刷镀各种单金属镀层、复合镀层等，以满足各种不同工件的需要。

(二) 电刷镀在模具上的应用

鉴于电刷镀的上述特点，使其在模具制造中也具有较高的实用价值，可用于模具工作表面的修复、强化和改性。

(1) 模具表面修复　某彩色电视机机壳注射模，用中碳合金模具钢制造，价格昂贵。工作中不慎落入螺母，合模时造成模具型腔表面局部严重损伤，不能继续使用。原采用焊接修理导致裂纹产生，继而用气焊、钎焊填补又造成焊层剥离和裂纹扩展，后来采用电刷镀技术，仅一天就将模具修复。其工艺过程如下：

用成形砂轮将裂纹和损伤部位拓宽，使小阳极镀笔能接触到损伤部位底部，以一定工艺对损伤部位表面进行处理。先用特殊镍镀液进行电刷镀，在该处表面形成过渡层，再用快速镀镍液进行电刷镀来填补缺陷，并随时用磨石磨去先高出基体表面的镀层，直至覆盖缺陷部位的整个镀层都高出基体表面0.05mm以上，用细磨石蘸煤油打磨镀层，随后用金相砂纸蘸煤油抛磨镀层，使镀层与基体表面平齐并满足表面粗糙度要求。经生产验证，该模具经电刷镀修复后，满足使用要求，并连续使用2年以上。

(2) 模具表面强化　某生产大号塑料盆的注射模，其材料为灰铸铁，模具底盘直径为1000mm，合模高度为400mm，质量为1.3t。由于模具型腔表面硬度低，磨损严重，表面粗糙度值变大，致使加工出来的产品增厚加重，表面质量变差。采用电刷镀技术对模具型腔表面进行强化处理，先电刷镀碱铜作为过渡层，再电刷镀镍钴合金作为工作表层，电刷镀后达到以下效果：

1) 模具型腔表面硬度由23HRC提高到40HRC。

2）表面粗糙度 Ra 值由 6.3μm 减小为 0.8μm。

3）模具表面耐磨性提高了 2 倍。

4）塑件制品脱模容易。

该模具经电刷镀后三班生产连续使用 1 年多，效果良好。

（3）模具表面改性　防海水腐蚀的继电器外壳，用厚度 0.8mm 的锌白铜（德银）带材经拉深加工制成，拉深模具寿命为 10 万件，因黏着磨损失效。采用电刷镀技术在已经磨损的凸模上镀钴以恢复尺寸，在凹模口部刷镀 0.005～0.01mm 的铟镀层以减磨，显著提高了模具的抗黏着磨损能力，工作寿命达 50 万件。

另外，在模具上电刷镀耐热镀层和耐蚀镀层，也都有明显效果。如在热锻模型腔表面电刷镀钴层后再渗硼，可显著提高其冷热疲劳抗力。

电刷镀技术还可以作为制造模具的辅助手段。如应用电刷镀的方法刷镀光滑镀层以减小表面粗糙度值；利用电刷镀可以修复因加工过量而短缺的尺寸，挽救模具废品；利用电刷镀方法还可以在模具上涂写或刻写标记、符号等。

三、化学镀

化学镀是将工件置于镀液中，使镀液中的金属离子获得从镀液化学反应中产生的电子，在工件表面还原沉积形成镀层的过程，是一个无外加电场的电化学过程。

化学镀可获得单一金属镀层、合金镀层、复合镀层和非晶态镀层。与电镀相比，化学镀的均镀能力好，仿形性良好，镀层致密，设备简单、操作方便。复杂模具的化学镀，还可以避免热处理引起的变形。

（一）Ni-P 化学镀

Ni-P 化学镀的基本原理是以次亚磷酸盐为还原剂，将镍盐还原成镍，同时使镀层中含有一定量的磷，沉积的镍膜具有自催化性，可使反应继续进行下去。

化学镀已在多种模具上得到应用，采用 Ni-P 化学镀强化模具，既能提高模具表面的硬度和耐磨性，又能改善模具表面的自润滑性能，提高模具表面的抗擦伤能力和耐蚀性能，适用于冲压模、挤压模、塑料成型模、橡胶成型模等。如 45 钢制拉深模，经化学镀 10μm 厚的 Ni-P 层后，模具表面硬度达到 1000HV 以上，模具寿命延长 10 倍；Cr12MoV 钢制拉深模，经 6h 化学镀 Ni-P 处理后，镀层硬度可达 60～64HRC，再经过 380～400℃、2～3h 的时效处理后，模具表面具有优良的耐磨性和较低的摩擦系数，模具的使用寿命提高了 4 倍。

Ni-P 化学镀应用于模具有以下优点：

1）能提高模具表面的硬度、耐磨性、抗擦伤和抗咬合能力，脱模容易，并可提高模具的使用寿命。

2）Ni-P 化学镀层与基体的结合强度高，能承受一定的切应力，适用于冲压模和挤压模。

3）Ni-P 合金层具有优良的耐蚀性，对塑料模和橡胶模可以进行表面强化处理。

4）沉积层厚度可控制，模具尺寸超差时，可通过化学镀恢复到规定尺寸。

5）对挤塑模和注射模等形状复杂的模具进行 Ni-P 化学镀，其镀层厚度均匀且无变形。

（二）化学镀复合材料

凡是能够进行化学镀的金属或合金，原则上都能得到其复合材料。研究最多的是化学镀镍及其合金复合材料，其中应用较多的是采用 SiC、Al_2O_3 和金刚石的复合材料。

含 SiC 的化学镀复合材料是最常用的复合材料之一。由于 SiC 具有高的硬度，从而使复合材料具有良好的耐磨性。试验测试表明，Ni-B-SiC 复合镀层的硬度和耐磨性不仅明显优于 Ni-B 化学镀层，而且远远优于硬铬镀层。经适当处理后，复合镀层的硬度和耐磨性将得到进一步提高。

四、热浸镀

热浸镀简称热镀，是将工件浸在熔融的液态金属中，在工件表面发生一系列物理和化学反应，取出冷却后在工件表面上形成所需的金属镀层。这种涂敷主要用来提高工件的防护能力，提高模具的使用寿命。

热浸镀用钢、铸铁、铜作为基体材料，其中以钢最为常用。镀层金属的熔点必须低于基体金属，而且通常要低得多。常用的镀层金属是低熔点金属及其合金，如 Sn、Zn、Al、Pb、Al-Sn、Al-Si、Pb-Sn 等。锌是热浸镀层中应用最多的金属。为了提高耐热性能，多种锌合金镀层得到广泛应用。

热浸镀的基本过程为前处理、热浸镀和后处理。按前处理不同，可分为熔剂法和保护气体还原法两大类。目前熔剂法主要用于钢管、钢丝和工件的热浸镀；而保护气体还原法通常用于钢板的热浸镀。

（一）熔剂法

熔剂法工艺流程为：预镀件→碱洗→水洗→酸洗→水洗→熔剂处理→热浸镀→镀后处理→成品。热碱清洗是工件表面脱脂的常用方法，在镀锌前，通常用硫酸或盐酸的水溶液除去工件上的轧皮和锈层。为避免过蚀，常在硫酸和盐酸溶液中加入抑制剂。熔剂处理是为了除去工件上未完全酸洗掉的铁盐和酸洗后又被氧化的氧化皮，清除熔融金属表面的氧化物和降低熔融金属的表面张力，同时使工件与空气隔离而避免重新氧化。熔剂处理有以下两种方法：

（1）熔融熔剂法（湿法） 是将工件在热浸镀前先通过熔融金属表面一个专用箱中的熔融熔剂层进行处理，该熔剂是氯化氨或氯化氨与氯化锌的混合物。

（2）烘干熔剂法（干法） 是将工件在热浸镀前先浸入浓的熔剂（600~800g/L 氯化锌+60~100g/L 氯化氨）水溶液中，然后烘干。

热浸镀的工作温度一般是 445~465℃。当温度到达 480℃ 或更高时，铁在锌中溶解很快，对工件和锌锅都不利。涂层厚度主要取决于浸镀时间、提取工件的速度和钢铁基体材料。浸镀时间一般为 1~5min，提取工件的速度约为 1.5m/min。

镀后处理主要有以下两种：

1）用离心法或擦拭法去除工件上多余的锌。

2）通常对热镀锌后的工件进行水冷，从而抑制金属间化合物合金层的生长。

（二）保护气体还原法

这是现代热镀生产线普遍采用的方法。典型的生产工艺通称为森吉米尔法。其特点是将钢材的连续退火与热浸镀连在同一生产线上。钢材先通过用煤气或天然气直接加热的微氧化炉，钢材表面的残余油污、乳化液等被火焰烧掉，同时被氧化形成氧化膜，然后进入密闭的通有氢气和氮气混合气体的还原炉，在辐射管或电阻加热下，使工件表面氧化膜还原为适合于热浸镀的活性海绵铁，同时完成再结晶过程。钢材经还原炉的处理后，在保护气氛中被冷却到一定温度，再进入热浸镀锅，完成热浸镀过程。

第四节　模具表面的气相沉积技术

气相沉积是将含有形成沉积元素的气相物质输送到工件表面，在工件表面形成沉积层的表面强化技术。通常是在工件表面覆盖 0.5～1.0μm 的一层过渡族元素（Ti、V、Cr、Zr、W、Mo、Ta、Nb 等）与 C、N、O、B 形成的化合物。按形成机理可分为物理气相沉积和化学气相沉积两种。气相沉积技术已广泛应用于模具的表面强化处理，常用的沉积层为 TiC、TiN、Ti（C，N）等，具有以下性能特点：

1）具有很高的硬度（TiC 为 3200～4100HV，TiN 为 2450HV），低的摩擦系数和自润滑性。

2）具有高的熔点（TiC 为 3160℃，TiN 为 2950℃），化学稳定性好，抗黏着磨损能力强，发生咬合、冷焊的倾向小。

3）具有较强的耐蚀能力和较高的抗高温氧化能力。

一、化学气相沉积（CVD）

化学气相沉积是利用气态物质在一定温度下于固体表面进行化学反应，并在其上面生成固态沉积膜的一种气相沉积技术，通常称为 CVD（Chemical Vapour Deposition）法。

CVD 法是通过高温气相反应生成其化合物的一种气相镀覆。涂层材料可以是氧化物、碳化物、氯化物、硼化物，也可以是Ⅲ-Ⅴ、Ⅱ-Ⅳ、Ⅳ-Ⅵ族的二元或多元化合物。通过基体材料、涂层材料和工艺的选择，可以得到许多特殊结构和特殊功能的涂层。在微电子学工艺、半导体光电技术、太阳能利用、光纤通信、超导技术、复合材料、装饰和防护涂层（耐磨、耐热、耐蚀）等新技术领域得到越来越多的应用。例如 Cr12MoV 钢制冷冲裁模，用 CVD 法沉积 TiN 涂层后，其使用寿命提高 2～7 倍；Cr12MoV 钢制冷拉深凸模，用于黄铜弹壳的成形，经 CVD 沉积 6～8μm 厚的 TiC 涂层，其寿命高达 100 万次，比镀铬凸模提高 4 倍。下面着重介绍模具强化用的 TiC 涂层和 TiN 涂层。

（一）CVD 原理与装置

1. CVD 原理

将含有涂层材料元素的反应介质置于较低温度下汽化，然后送入高温的反应室，与工件表面接触产生高温化学反应，析出合金或金属及其化合物沉积于工件表面而形成涂层。

（1）CVD 反应的基本条件　要想获得所需要的 CVD 涂层，CVD 的反应必须具有一定的条件，即能够形成所需的沉积层；反应物的汽化点较低，且易获得高纯度沉积层；沉积设备简单，操作方便，成本适宜。

（2）CVD 反应机理　CVD 反应主要是利用化学反应进行气态沉积，可被利用的化学反应有热解反应、还原反应与置换反应等。

热解反应（800～1000℃）：$SiH_4 \longrightarrow Si+2H_2$

还原与置换反应：为获得 TiC、TiN 涂层可利用高温下的反应，即

$$TiCl_4+CH_4+H_2 \longrightarrow TiC+4HCl\uparrow+H_2\uparrow$$

$$TiCl_4+N_2+4H_2 \longrightarrow 2TiN+8HCl$$

其中，$TiCl_4$ 为供 Ti 气体，CH_4、N_2 分别为供 C、N 气体，H_2 为载气和稀释剂。

（3）CVD 涂层形成机制　CVD 沉积层的形成过程是在基体（工件）触媒上进行的气体

化学反应中产生析出物的结晶过程，沉积层的生成与生长是在基体表面上同时进行的，因此，不能独立地加以控制。

沉积过程可以归纳为如下步骤：

1）反应气体介质向基体材料表面扩散并被吸附。

2）吸附于基体材料表面的各反应产物发生表面化学反应。

3）析出物（生成物）质点向适当的表面位置迁移聚集，形成晶核。

4）在表面化学反应中产生的气体脱离基体材料表面返回气相。

5）沉积层与基体材料的界面发生元素的相互扩散，形成中间层。

2. CVD 装置

CVD 装置简图如图 7-3 所示。

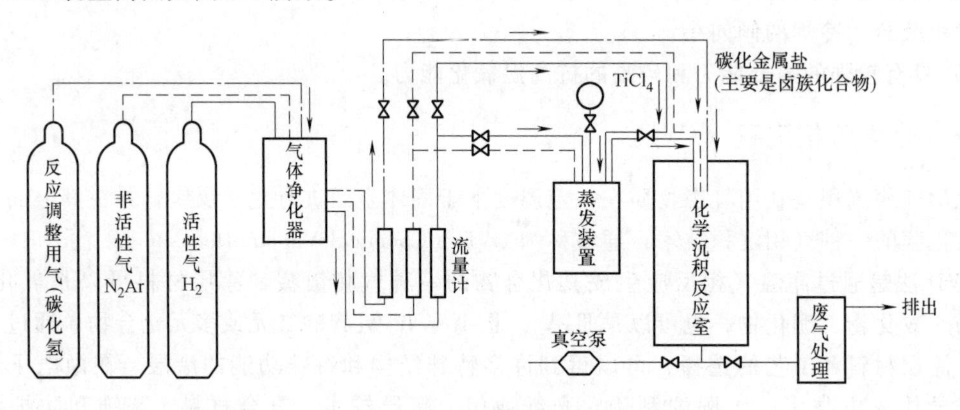

图 7-3　CVD 装置简图

化学气相沉积反应需要获得真空并加热到 900～1100℃。如钢件要覆以 TiC 层，则将钛以挥发性氯化物（如 $TiCl_4$）的形式与气态或蒸发态的碳氢化合物一起进入反应室内，用氢作为载体气和稀释剂，即会在反应室内的钢件表面上发生反应形成 TiC，沉积在钢件表面。钢件经沉积后，还需要进行热处理，两者可以在同一反应室内进行。

（二）CVD 种类

化学气相沉积技术有多种分类方法。按主要特征进行综合分类，可分为热 CVD、低压 CVD、等离子体 CVD、激光（诱导）CVD、金属有机化合物 CVD 等。下面按这种分类方法分别介绍其中常用的 CVD 技术概况。

（1）热化学气相沉积（TCVD）　热化学气相沉积是利用高温激活化学反应进行气相生长的方法，常用于半导体和其他材料。广泛应用的 CVD 技术如金属有机化学气相沉积、氢化物化学气相沉积等，都属于这个范围。

（2）低压化学气相沉积（LPCVD）　低压化学气相沉积的压力范围一般在 1×10^4～4×10^4Pa 之间。由于低压下分子平均自由程增加，因而加快了气态分子的输运过程，反应物质在工件表面的扩散系数增大，使薄膜均匀性得到改善。对于表面扩散动力学控制的外延生长，可增大外延层的均匀性，这在大面积、大规模外延生长中（例如大规模硅器件工艺中的介质膜外延生长）是必要的。但是，对于由质量输送控制的外延生长，上述效应并不明显。低压外延生长，对设备要求较高，必须有精确的压力控制系统，增加了设备成本。低压外延有时是必须采用的手段，如当化学反应对压力敏感时，常压下不易进行的反应，在低压下会变得容易进行。

（3）等离子体化学气相沉积（PCVD） 在常规的化学气相沉积中，促使其化学反应的能量来自热能，而等离子体化学气相沉积除热能外，还借助于外部所加电场的作用引起放电，使原料气体成为等离子体状态，变为化学上非常活泼的激发分子、原子、离子和原子团等，促进化学反应的进行，在基体材料表面形成薄膜。PCVD 是目前最受材料工作者关注的 CVD 方法之一，其特点为：

1）沉积温度低，如 CVD 沉积 TiN 膜，传统 CVD 成膜温度为 1000℃左右，而 PCVD 仅为 500℃。

2）可在不耐高温的材料上沉积成膜。

3）由于离子具有溅射清洁基体材料表面和轰击效应，膜与基体材料结合强度高。

4）成膜速度快。

5）由于等离子体的激发，使得难以发生反应而形成的成膜材料沉积成膜，从而拓宽了涂层材料的范围。

（三）CVD 技术在工模具上的应用

1. CVD 技术应用于工模具生产的条件

要使 CVD 涂层在工模具生产中达到规定的指标要求，必须具备以下一些条件：

（1）合理选择涂层材料 根据工件的服役条件选择具有相适应的物理、化学性能的涂层材料，有时根据需要可选用一定匹配的多层膜。

（2）选好基体材料 首先要满足服役条件以及涂层与基体之间的匹配性，如两者的热胀系数、界面能、化学性、冶金性以及两者之间是否会生成脆的或软的中间过渡层等。由于 TCVD 的处理温度较高，必须考虑基体材料的耐热性和组织结构的变化情况，因此一般选择硬质合金、高速钢、基体钢、高碳高铬工具钢、气淬工具钢和热作模具钢等为基体材料。

（3）确定合适的涂层厚度 太薄的涂层不能获得最佳的性能和使用寿命，而太厚的涂层将呈现脆性以及会使涂层与基体之间的结合力变差。常用高温 CVD 涂层的厚度范围：TiC 涂层为2~8μm，TiN 涂层为 5~14μm，复合涂层为 3~15μm，具体厚度要根据服役条件进行选择。

（4）选用良好的设备和正确的工艺 除达到技术性能指标外，力求用微机自动监控全部工艺参数与程序，可靠保证涂层质量和工艺的重现性。

2. CVD 技术在工模具生产中的应用实例

拉深模沉积 TiC 涂层，拉深模直径为（27.07±0.02）mm，钢材成分为：$w_C=2\%$、$w_{Cr}=12\%$、$w_W=1\%$、$w_{Mo}=0.5\%$、$w_{Co}=1\%$。

（1）预处理 加热至 1030℃退火 3h 后加工成形，毛坯尺寸略大于最终尺寸 0.2mm，再将毛坯加热至 980℃，用压缩空气冷却，然后在 200℃油冷，处理后的硬度为 850HV，精加工拉深模直径至最终尺寸 27.07mm，真空脱气，用刚玉糊抛光。

（2）沉积 混合反应气体为 H_2+TiCl_4（体积分数为 2.5%~3%）$+CH_4$（体积分数为 2.5%~3%），温度为 1000℃，保温 2.5h 后将反应罐投入水中冷却至室温，获得 6~10μm 有光泽的、表面粗糙度 Ra 值为 1.5μm 的 TiC 涂层。

（3）后处理 沉积后的拉深模直径为 27.053mm，将其放入丙酮浴中，然后逐步加入干冰，冷却至-70~-80℃，保持 1h，自冷浴中取出拉深模并慢慢加热至室温。此时直径为 27.090mm，基体硬度为 900HV，再将模具进一步在 200℃油浴中回火。冷却至室温后直径为 27.072~27.075mm，符合公差要求，此时的硬度为 830HV。

二、物理气相沉积（PVD）

物理气相沉积是用物理方法把欲涂覆物质沉积在工件表面上形成沉积膜的一种气相沉积技术，通常称为PVD（Physical Vapour Deposition）。

在进行PVD处理时，工件的加热温度一般都在600℃以下，这对于用高速钢、合金模具钢及其他钢材制造的模具都具有重要意义。目前常用的有三种物理气相沉积方法，即真空蒸镀、溅射镀膜和离子镀，其中以离子镀在模具制造中的应用较广。

（一）真空蒸镀

真空蒸镀是在$1.33\times10^{-3}\sim1.33\times10^{-4}$Pa的压力下，用电子束等热源加热沉积材料使之蒸发，蒸发的原子或分子直接在工件表面形成沉积层的一种物理气相沉积方法。但对于难熔的金属碳化物和氮化物进行直接蒸发是有困难的，并且有使化合物分解的倾向。为此，开发了引入化学过程的反应蒸镀。例如用电子枪蒸发钛金属，并将少量甲烷和乙炔等反应气体导入蒸发空间，使钛原子和反应气体原子在工件表面进行反应、沉积，形成TiC涂层。

真空蒸镀多用于透镜和反射镜等光学元件、各种电子元件、塑料制品等的表面镀膜，在表面硬化方面的应用不太多。

（二）溅射镀膜

溅射镀膜是不采用蒸发技术的一种物理气相沉积方法。施镀时，将工作室抽成真空，充入氩气作为工作气体，并保持其压力为0.13~1.33Pa。以沉积物质作为靶（阴极）并加上数百至数千伏的负压，以工件为阳极，两侧灯丝带负压（-30~-100V）。加热灯丝至1700℃左右时，灯丝发射出的电子使氩气发生辉光放电，产生出氩离子Ar^+，氩离子Ar^+被加速轰击靶材，使靶材迸发出原子或分子溅射到工件表面上形成沉积层。

溅射镀膜可用于沉积各种导电材料，包括W、Ta、Mo、WC、TiC、TiN等高熔点金属及化合物。如果用TiC作靶材，便可以在工件上直接沉积TiC涂层。当然也可以用金属Ti作靶，再导入反应气体，进行反应性溅射，溅射涂层均匀但沉积速度慢，不适于沉积10μm以上厚度的涂层。溅射可使基体温度升高到500~600℃，故只适用于在此温度下具有二次硬化能力的钢材及其所制造的模具。

（三）离子镀

离子镀是在真空条件下，利用气体放电使气体或被蒸发物质离子化，在气体离子或蒸发物质离子的轰击作用下，将蒸发物质或其反应物蒸镀在工件上的一种物理气相沉积方法。离子镀把辉光放电、等离子技术与真空蒸镀技术结合在一起，不仅明显地提高了镀层的各种性能，而且大大扩充了镀膜技术的应用范围。离子镀除兼有真空溅射的优点外，还具有膜层的附着力强、绕射性好、可镀材料广泛等优点。例如，利用离子镀技术可以在金属、塑料、陶瓷、玻璃、纸张等非金属材料上，涂覆具有不同性能的单一镀层、合金镀层、化合物镀层及各种复合镀层，而且沉积速度快（可达75μm/min），镀前清洗工序简单，对环境无污染，因此，近年来在国内外得到了迅速发展。

离子镀的基本原理如图7-4所示。借助一种惰性气体的辉光放电使金属或合金蒸气离子化，离子经电场加速而沉积在带负电荷的工件上。常采用的惰性气体是氩气，其压力为$133\times10^{-2}\sim133\times10^{-3}$Pa，并在工件上加500~2000V的负压。离子镀包括镀膜材料（如TiN、TiC）的受热、蒸发、沉积过程，蒸发的镀膜材料原子在经过辉光区时，一小部分发生电离，并在电场的作用下飞向工件，以几千电子伏的能量射到工件表面上，可以打入基体约几纳米的深度，从而大大提高了涂层的结合力，而未经电离的蒸发材料原子直接在工件上沉积成膜。惰性气体离子与镀膜材料离子在工件表面上发生的溅射，还可以清除工件表面的污染物，从而改善其结合力。

若将反应气体导入蒸发空间，便可在工件表面沉积金属化合物涂层，这就是反应性离子镀。由于采用等离子活化，工件只需在较低温度甚至在室温下进行镀膜，完全保证零件的尺寸精度和表面粗糙度，因此可以安排在工件淬火、回火后即最后一道工序进行。如沉积 TiN 或 TiC 时，基体温度可在 150～600℃范围内选择，温度高时涂层的硬度高，与基体的结合力也高。基体温度可根据基体材料及其回火温度选择，如基体为高速钢，可选择 560℃。这样对于经淬火、回火并加工到尺寸的高精度模具，无需担心基体硬度降低及变形问题。另外，离子镀的沉积速度较其他气相沉积方法快，得到 10μm 厚的 TiC 或 TiN 涂层，一般只需要几十分钟。

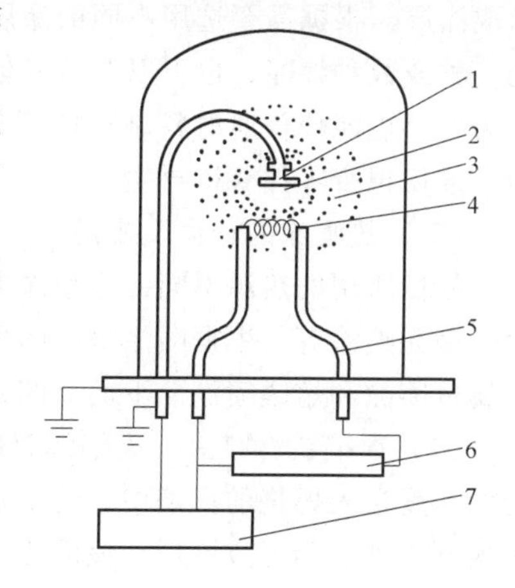

图 7-4　离子镀的基本原理

1—工件（阴极）　2—阴极暗部　3—辉光放电区　4—蒸发灯丝（阳极）　5—绝缘管　6—灯丝电源　7—高压电源

通过 PVD 在模具上沉积的 TiN 或 TiC 镀层，其性能可以和 CVD 镀层相比拟，且具有如下特征：

1）对上、下模都进行了高精度精加工的金属模具表面，用 PVD 超硬化合物镀层强化是相当有效的。

2）对粗糙的模具表面，PVD 镀层效果将丧失。

3）PVD 镀层对静载荷更有效。

4）PVD 镀覆前后的精度无变化，不必再次进行加工。

5）PVD 镀层具有优越的耐磨性和高的耐蚀性。

例如，对制造螺钉用的高速钢冲头镀覆 TiN，比未镀覆的冲头延长寿命 3～5 倍；在汽车零件精密落料模上镀覆 TiN，当被冲钢板厚度为 1～3mm 时，可延长寿命 5～6 倍，但是当钢板厚度增加到 5～8mm 时，由于 TiN 层从表层脱落而丧失效果；塑料模镀覆 TiN，其耐蚀性可提高 5～6 倍，而耐磨性的同时提高，使模具寿命延长数倍。

PVD 同 CVD 一样能有效地强化模具的使用性能，提高模具的使用寿命。但是，PVD 的绕镀性较差，对深孔、窄槽的模具就难以进行；由于 CVD 沉积温度太高，其使用受到一定限制；等离子体化学气相沉积（PCVD）既保留了传统 CVD 的本质，又具有 PVD 的优点，克服了 PVD 和 CVD 的局限性，因此，PCVD 技术在工业上得到了广泛应用，大幅度提高了工模具的使用寿命。

第五节　模具表面的其他处理技术

一、热喷涂

（一）热喷涂的原理

热喷涂是一种极其重要的材料表面处理工艺。热喷涂的基本原理是将涂层材料加热熔化，以高速气流将其雾化成极细的颗粒，并以很高的速度喷射到事先准备好的工件表面上，形成涂层。根据需要选用不同的涂层材料，可以获得耐磨损、耐腐蚀、抗氧化、耐热等方面的一种或数种性能，也可以获得其他特殊性能的涂层。这些涂层能够满足各种尖端科学的特殊需要，也能使普通材料制成的零件获得特殊的表面性能，从而成倍地提高零件的使用寿命，或使报废零件获得再生。

（二）热喷涂的分类及应用

根据所用的热源不同，热喷涂方法可分为火焰喷涂、电弧喷涂、等离子弧喷涂、爆炸喷涂、激光喷涂等。根据喷涂材料的形状不同，热喷涂方法又可分为粉末喷涂、金属丝喷涂、金属带喷涂和熔罐喷涂。下面介绍几种常见的热喷涂方法。

（1）火焰线材喷涂　火焰线材喷涂是最早出现的喷涂方法，其喷涂原理是将线材以控制的速度送入燃烧的火焰中，使受热的线材端部熔化，并由压缩空气对熔流喷射雾化，加速喷射到工件表面形成涂层。该喷涂方法由于熔融微粒所携带的热量不足，致使涂层与工件表面以机械结合为主，其结合强度一般偏低。另外，线材的熔断喷射不均匀，造成涂层的性质不均，涂层的组织疏松、多孔，内应力较大。

（2）火焰粉末喷涂　氧乙炔火焰粉末喷涂是目前应用广泛的一种火焰粉末喷涂方法，是通过粉末火焰喷枪来实现的。粉末随气流从喷嘴中心喷出进入火焰，被加热熔化或软化，焰流推动熔流以一定速度喷射到工件表面形成涂层。进入火焰的粉末在随后的喷射过程中，由于处在火焰中的位置不同，被加热的程度不同，出现部分粉末未融、部分粉末仅被软化和存在少数完全未熔颗粒的现象，因此造成涂层的结合强度和致密性不及线材火焰喷涂。

（3）电弧喷涂　电弧喷涂是将两根被喷涂的金属丝作为自耗性电极，输送直流或交流电，利用丝材端部产生的电弧作热源来熔化金属，用压缩气流雾化熔滴并喷射到工件表面形成涂层。电弧喷涂只能喷涂导电材料，在线材的熔断处产生积垢，使喷涂颗粒大小悬殊，涂层质地不均。另外，由于电弧热源温度高，造成元素的烧损量较火焰喷涂大，导致涂层硬度降低。但由于熔粒温度高，粒子变形量大，使涂层的结合强度高于火焰喷涂层的强度。

（4）等离子弧喷涂　等离子弧喷涂是以电弧放电产生的等离子体作为高温热源，以喷涂粉末材料为主，将喷涂粉末加热至熔化或熔融状态，在等离子射流加速下获得很高的速度，喷射到工件表面形成涂层。等离子弧温度高，可熔化目前已知的任何固体材料；射出的微粒高温、高速，形成的喷射涂层结合强度高、质量好。

（三）热喷涂技术的特点

热喷涂技术由早期制备一般防护性涂层发展到制备各种功能涂层，应用领域从机械设备、仪器仪表和金属构件的耐蚀、耐磨和耐高温到使用条件苛刻和要求严格的宇航工业，这是由于热喷涂技术所具有的下列特点决定的。

（1）方法多样　热喷涂方法多达十几种，可为制备涂层提供多种手段。

（2）基体材料不受限制　可在各种材料上喷涂涂层，如金属、陶瓷、玻璃、木材、塑料、石膏、布等材料。

（3）喷涂材料极为广泛　几乎所有固态材料都可喷涂，如各种金属、陶瓷、塑料、金属和非金属矿物以及这些材料组合成的复合材料等。

（4）涂层广泛　可以制备单一种类材料的涂层，也可以把性能截然不同的两种以上的材料制备成具有优异综合性能，并满足导电、绝缘、辐射及防辐射等特殊功能要求的涂层。

(5) 涂层厚度可以控制　涂层厚度可以从几十微米到几毫米。

(四) 热喷涂技术的应用实例

1) 用工具钢加工制成高熔点金属（钼、铌、钽、钨及其合金）的热挤压模，挤压温度在1320℃以上只能进行一次作业，而挤压材料因表面被模具表面合金化而变质，同时由于模具的磨损，被挤压材料在长度方向上其直径与断面形状发生很大变化。喷涂0.5~1.0mm的氧化铝涂层后，挤压温度可达1650℃。喷涂氧化锆涂层后，挤压温度可达2370℃，模具的工作寿命可延长5~10倍。

2) 某品牌汽车的车轴支架端部法兰盘成形冲头，原寿命为200~300件，喷涂铝涂层后寿命可达30000~40000件，且损坏后还可利用喷涂修复再用。

二、激光表面处理

激光表面处理的目的是改变工件表层的化学成分和显微结构，从而提高工件的表面性能。激光表面处理技术可分为激光表面热处理和激光表面改性技术两大类。激光表面热处理包括激光淬火、激光退火、激光非晶化、激光冲击硬化、激光晶粒细化等。激光表面改性技术可分为激光表面合金化和激光熔覆两类。

(一) 激光表面热处理

激光表面热处理是应用光学透镜将激光束聚集，使达到很高能量密度的光束（最高可达10^9W/cm^2，但通常热处理中使用的范围为10^3~10^5W/cm^2）照射工件表面，并改变工件表面组织和性能的一种激光表面处理方法。

(1) 激光淬火　激光淬火是指铁基合金在固态下经受激光照射，使表层被迅速加热至奥氏体化状态，并在激光停止照射后，快速自冷淬火得到马氏体组织的一种激光表面处理方法。适用于激光淬火的材料主要有灰铸铁、球墨铸铁、碳钢、合金钢和马氏体不锈钢等。激光淬火能使硬化层内残留有相当大的压应力，从而提高材料表面的疲劳强度，利用这一点对模具表面实施激光淬火，可大大提高材料的耐磨性和抗疲劳性能。如果在模具承受压应力的情况下进行激光表面淬火，淬火后撤出外力，可进一步增大残余压应力，并大幅度提高模具的抗压、抗拉和抗疲劳强度。例如，GCr15钢制滚动轴承保持架冲孔凹模，经激光硬化处理后其使用寿命提高了一倍。

(2) 激光非晶化　激光非晶化是利用激光使工件表面熔化及快速冷却的一种激光表面处理方法，在工件表面上形成厚度为1~10μm的玻璃态非晶组织，这种非晶组织具有高强度、高韧性和高耐磨性。

(3) 激光冲击硬化　激光冲击硬化是利用高强度脉冲激光束照射金属表面，使其表面薄层迅速汽化，在表面原子逸出期间，发生动量脉冲，产生强的机械冲击波和应力波，使材料表面产生硬化的一种激光表面处理方法。激光冲击硬化不仅可以大大提高材料的强度和硬度，而且能有效地提高抗疲劳性能。由于冲击波持续的时间短，因而产生的变形很小。

(二) 激光表面改性技术

(1) 激光表面合金化　激光表面合金化是利用激光束使合金元素与基体表面金属混合熔化，在很短的时间内形成不同化学成分和结构的高性能表面合金层。例如，用激光对CrWMn钢进行合金化，可使其磨损率仅为CrWMn淬火钢的1/10，使用寿命为CrWMn淬火钢的14倍。在激光表面合金化过程中，激光束和工件需保持相对高速运动，为了方便起见，通常是使激光束保持静止而使工件高速移动。向激光熔池中添加合金元素的方法有预沉积法和共沉积法两种。

预沉积法包括在工件表面上电镀、热喷涂、真空蒸镀、渗碳、渗硼、渗氮、黏涂疏松的粉末以及安放薄的金属片或金属丝，所有这些都是在激光熔化前完成的。共沉积法是在工件上激光熔化的同时，往熔池内喷注合金粉末，或者送入合金线材或棒材。

(2) 激光熔覆 激光熔覆法是利用激光束在工件表面熔覆一层硬度高、耐磨、耐蚀和抗疲劳性好的材料，以提高工件的表面性能。激光熔覆可以通过两种方法来完成：一是预先在工件表面放置松散的粉末涂层，然后用激光重熔；二是在激光处理时，用气动喷注法把粉末注入熔池中。这两种方法中气动传送粉末技术的成效较高。

激光熔覆有许多优点：可以在低熔点工件上熔覆一层高熔点的合金，可局部熔敷，具有良好的熔界，微观结构细致，热影响区很小。激光熔覆工艺适用的材料范围很广，能实施熔覆的基体材料有低碳钢、合金钢、铸铁、不锈钢、铜合金、铝合金、镍铬钛耐热合金等。用于熔覆的合金有铝基、铁基、镍基合金。

三、电子束表面处理

电子束表面处理技术是用电子枪发射的电子轰击金属工件表面，电子可穿过被处理工件的表面进入到一定的深度，给材料的原子以能量，增加晶格的振动，把电子的动能转化为热能，从而使被处理工件表层温度迅速升高。而激光加热则是在被处理工件表面吸收激光能量，激光未穿过表面，所以激光加热与电子束加热在性质上是不同的。

与激光一样，电子束的能量密度最高可达10^9W/cm²，在热处理中通常使用范围为10^3～10^5W/cm²。但由于目前激光器功率有限（市场上最大工业激光器的功率为15kW左右），而电子束设备的功率则可超过100kW，这是激光器无法比拟的，因此电子束加热的深度和尺寸比激光大。电子束表面处理技术一般除表面淬火外，还可以进行表面重熔、表面合金化和表面非晶化处理。

(一) 电子束表面处理的主要特点

1）加热和冷却速度快。将金属材料表面由室温加热至奥氏体化温度或熔化温度仅用几分之一到千分之一秒，其冷却速度可达1×10^6～1×10^8℃/s。

2）与激光相比使用成本低。电子束处理设备一次性投资比激光少（约为激光处理设备的1/3），实际使用成本也只有激光处理的一半。

3）结构简单。电子束靠磁偏转动、扫描，而不需要工件转动、移动和光传输机构。

4）电子束与金属表面耦合性好。电子束与表面的耦合不受反射的影响，能量利用率远高于激光，因此电子束处理工件前，工件表面不需加吸收涂层。

5）电子束是在真空中工作的，以保证在处理中工件表面不被氧化，因而带来许多不便。

6）电子束能量的控制比激光束方便，通过灯丝电流和加速电压很容易实施准确控制。

7）电子束辐照与激光辐照的主要区别在于产生最高温度的位置和最小熔化层的厚度。电子束加热时熔化层至少为几个微米厚，这会影响冷却阶段固-液相界面的推进速度。电子束加热时能量沉积范围较宽，而且约有一半电子作用区几乎同时熔化。电子束加热的液相温度低于激光，因而温度梯度较小，激光加热温度梯度高且能保持较长时间。

8）电子束易激发 X 射线，使用过程中应注意防护。

（二）电子束表面处理工艺

（1）电子束表面淬火　用电子束轰击金属工件表面，控制加热速度为 $1\times10^3\sim1\times10^8$℃/s，使金属表面加热到相变点以上，待电子束离开后，工件表面自冷淬火而硬化，表面可获得极高的硬度。此方法适用于碳钢、中碳低合金钢、铸铁等材料的表面强化处理。例如，用 2~3.2kW 电子束处理 45 钢和 T7 钢的表面，束斑直径为 6mm，加热速度为 3000~5000℃/s，钢的表面生成隐针和细针马氏体，45 钢表面硬度达 62HRC，T7 钢表面硬度达 66HRC。

（2）电子束表面重熔处理　利用电子束轰击工件表面，使其产生局部熔化并快速凝固，从而细化组织，达到硬度和韧性的最佳配合。对某些合金来说，电子束重熔可使各组成相间的化学元素重新分布，降低某些元素的显微偏析程度，改善工件表面的性能。目前，电子束重熔主要用于工模具的表面处理上，以便在保持或改善工模具韧性的同时，提高工模具的表面强度、耐磨性和热稳定性。如高速钢冲孔模的端部刃口经电子束重熔处理后，获得深 1mm、硬度为 66~67HRC 的表面层，该表面层组织细化，碳化物极细，分布均匀，具有强度和韧性的最佳配合。由于电子束重熔是在真空条件下进行的，表面重熔时有利于去除工件表层的气体，因此，可有效地提高铝合金和钛合金的表面处理质量。

（3）电子束表面合金化处理　先将具有特殊性能的合金粉末涂覆在金属表面上，再用电子束进行轰击，加热熔化或在电子束作用的同时加入所需的合金粉末使其熔融在工件表面上，并形成一层新的具有耐磨、耐蚀、耐热等性能的合金表层。电子束表面合金化所需电子束功率密度为相变强化的 3 倍以上，增加电子束辐照时间，可使基体表层在一定深度内发生熔化。

（4）电子束表面非晶化处理　电子束表面非晶化处理与激光表面非晶化处理相似，只是所用的热源不同而已。利用聚焦的电子束所特有的高功率密度以及作用时间短等特点，使工件表面在极短的时间内迅速熔化，而传入工件内层的热量可忽略不计，从而在基体和熔化的表层之间产生很大的温度梯度，表层的冷却速度高达 $1\times10^4\sim1\times10^8$℃/s。因此这一表层几乎保留了熔化时液态金属的均匀性，可直接使用，也可进一步处理以获得所需性能。电子束表面非晶化处理目前还处在研究与推广阶段。此外，电子束覆层、电子束蒸镀及电子束溅射也在不断发展和应用。

四、离子注入

离子注入是将工件放在离子注入机的真空靶室中，将需要注入的元素在离子源中进行离子化，以几十至几百千伏的电压将形成的离子引入磁分析器，在磁分析器中把具有一定荷质比的离子筛选出来，并导入加速系统，高能离子在扫描电场作用下，可在材料表面纵横扫描，从而实现高能离子对材料表面的均匀注入。金属经离子注入后，在零点几微米的表层中增加注入元素和辐射损伤，从而使金属的耐磨性、摩擦系数、抗氧化性、耐蚀性发生显著变化。经离子注入后，多数模具材料的耐蚀性、耐磨性和抗氧化性能可提高几倍到几十倍，模具的使用寿命也会得到提高。例如，W6Mo5Cr4V2 钢制螺母孔冲头经氮离子注入处理后，使用寿命提高了一倍；YG8 硬质合金拉丝模经氮离子注入处理后，使用寿命提高了两倍。

与通常的冶金方法不同，离子注入是用高能量的离子注入金属表层来获得表面合金层的，因而具有以下优点：

1）溶质原子靠高能量注入金属晶格内，不受热力学平衡条件限制，原则上任何元素都可以注入任何基体的金属中。如室温下，氮在钢中的溶解度只有 0.001%，但用离子注入可使溶解度达到 20%。注入所得合金层是亚稳态结构，如过饱和固溶体、非晶态等。

2）注入是一个无热的过程，可以在室温或低温下进行，不会引起工件变形。

3）注入是在真空中进行的，极少发生氧化。

4）注入原子与基体金属间没有界面，因而注入层不会有剥落问题。

离子注入技术的缺点：设备昂贵，成本高，离子注入层较薄。如 100keV 的氮离子注入 GCr15 钢中，其平均深度仅为 0.1μm，这就限制了其应用范围。目前离子注入中应用较多的有非金属元素 N、C、B，耐蚀、耐磨合金元素 Ti、Cr、Ni，固体润滑元素 S、Mo 等。

离子注入金属后能显著提高其表面硬度、耐磨性、耐蚀性。离子注入技术在工业上已得到广泛应用，并已取得良好的经济效益。例如，离子注入应用于塑料成型模具、冲压模具都取得了满意的效果，使用寿命延长数倍。

习题与思考题

1. 说明表面工程技术对模具的作用。
2. 模具表面渗碳的目的是什么？主要有哪些渗碳方法？
3. 与渗碳层相比，模具表面渗氮层有哪些性能特点？
4. 离子渗氮有哪些特点？
5. 渗硼层有哪些性能特点？有哪些常用的渗硼方法？
6. TD 法渗金属的原理及特点如何？
7. 电镀原理及工艺过程如何？试述几种常见的金属电镀工艺特点及应用。
8. 电刷镀工艺有何特点？
9. 化学镀与电镀的工艺特点如何？
10. 气相沉积镀膜技术可分为哪几类？PVD 与 CVD 的工艺特点有哪些不同？
11. 简单叙述热喷涂技术的特点及分类。
12. 激光表面处理技术主要有哪些主要类型和方法？
13. 电子束表面处理技术有哪些类型？
14. 离子注入技术有哪些特点？

附　　录

附录 A　国内外（地区）常用模具钢牌号对照表

序号	中国		美国 (ASTM)	俄罗斯 (ГОСТ)	日本 (JIS)	韩国 (KS)	德国 (DIN)	英国 (BS)	法国 (NF)	瑞典 (SS_{14})	中国台湾 (CNS)
	GB	ISC①									
1	T8	T00080	W1A-8	y8	SK5、SK6	STC5、STC6	C80W2	—	≈C80E2U	1778	SK5、SK6
2	T10	T00100	W1A-9½	y10	SK3、SK4	STC3、STC4	C105W2	—	≈C105E2U	≈1880	SK3、SK4
3	T10A	T00103	—	y10A	—	—	C105W1	—	≈C105E2U	1880	—
4	9Mn2V	T20000	02	9Г2Ф	SKT6	—	~90MnCrV8	B02	90MnV8		—
5	9SiCr	T30100	—	9XC	—	—	90CrSi5	—	—	2092	—
6	9CrWMn	T20110	01	9XВГ	SKS3	STS3	100MnCrW4	B01	90MnWCrV5	2140	SKS3
7	CrWMn	T20111	—	XВГ	SKS31	STS31	105WCr6	—	105WCr5	—	SKS31
8	Cr2	T30201	L3	X	SUJ2②	—	100Cr6	BL1/BL3	Y100C6	—	—
9	7CrSiMnMoV	T20104	—	—	SX105	—	—	—	—	—	—
10	Cr4W2MoV	T20421	—	—	—	—	—	—	—	—	—
11	Cr5Mo1V	T20503	A2	—	SKD12	STD12	X100CrMoV5-1	BA2	X100CrMoV5	2260	SKD12
12	Cr12	T21200	D3	X12	SKD1	STD1	X210Cr12	BD3	X200Cr12	—	SKD1
13	Cr12MoV	T21201	—	X12MФ	—	STD11	X165CrMoV12	—	—	2310	SKD11
14	Cr12Mo1V1	T21202	D2	—	SKD11	—	X155CrVMo12-1	BD2	X160CrMoV12	—	—
15	6Cr4W3Mo2VNb	T20432	—	—	—	—	—	—	—	—	—
16	6W6Mo5Cr4V	T20465	H42	—	—	—	—	—	—	—	—
17	7Cr7Mo3V2Si	—	—	—	—	—	—	—	—	—	—
18	W6Mo5Cr4V2	T66541	M2	P6M5	SKH51	SKH51	S6-5-2	BM2	HS6-5-2	2722	—
19	W18Cr4V	T51841	T1	P18	SKH2	SKH2	S18-0-1	BT1	HS18-0-1	2750	—
20	5CrNiMo	T20103	L6	5XHM	SKT4	STD4	55NiCrMoV6	BH224/5	55NiCrMoV7	~2550	SKD4
21	5CrMnMo	T20102	—	5XГM	~SKT3	~STF3	~40CrMnMo7	—	—	—	SKT3
22	3Cr2W8V	T20280	H21	3X2B8Ф	SKD5	STD5	X30WCrV9-3	BH21	X30WCrV9	2730	SKD5
23	8Cr3	T20300	—	8X3	—	—	—	—	—	—	—
24	4Cr3Mo3SiV	T20303	H10	3X3M3Ф	—	—	32CrMoV12-28/X32CrMoV3-3	BH10	~32CrMoV12-28	—	—
25	4Cr5MoSiV1	T20502	H13	4X5MФ1C	SKD61	STD61	X40CrMoV5-1	BH13	X40CrMoV5	—	SKD61
26	4Cr5W2VSi	T20520	—	4X5B2ФC	—	—	—	—	—	—	—
27	3Cr2Mo	T22021	P20	—	—	—	~35CrMo4	BP20	35CrMo8	2234	—

① ISC 为统一数字代号。
② 日本轴承钢。

附录B　国内市场常用的进口模具钢

进口钢牌号	产地	牌号简介	近似钢牌号
A2	美国	空淬中合金冷作模具钢，美国AISI/SAE和ASTM标准钢牌号	中国Cr5Mo1V（GB），德国1.2363（W-Nr），日本SKD12（JIS）等
D2	美国	高碳高铬冷作模具钢，美国AISI/SAE和ASTM标准钢牌号	中国Cr12Mo1V1（GB），德国1.2379（W-Nr），日本SKD11（JIS）等
D3	美国	高碳高铬冷作模具钢，美国AISI/SAE和ASTM标准钢牌号	中国Cr12（GB），德国1.2080（W-Nr），日本SKD1（JIS）等
DC11	日本大同	高耐磨空淬冷作模具钢	中国Cr12Mo1V1（GB），美国D2（AISI），日本SKD11（JIS）等
DC53	日本大同	高强韧性冷作模具钢，是DC1的改进型。高温回火后具有高硬度、高韧性，线切割性良好。用于精密冲模、拉深模、搓丝模、冷冲裁模、冲头等	中国Cr8Mo2SiV（GB）等
DF-2	瑞典一胜百	油淬冷作模具钢，具有良好的冲裁能力，热处理变形小。用于小型冲模、切纸机刀片等	中国9Mn2V（GB），美国O2（AISI）等
DF-3	瑞典一胜百	油淬冷作模具钢，具有良好的刃口保持能力，淬火变形小。用于薄片冲模、压花模等	中国9CrWMn（GB），德国1.2510（W-Nr），日本SKS3（JIS），美国O1（AISI）等
GOA	日本大同	特殊冷作模具钢，是SKS3（JIS）的改进型。钢的淬透性高，耐磨性好，用于冷冲裁模、成形模、冲头及压花模等	中国9CrWMn（GB），美国O1（AISI），德国1.2510（W-Nr）等
GSW-2379	德国德威	高碳高铬冷作模具钢，用于制作冷挤压模、冷冲模，也用于高耐磨性塑料模具	中国Cr12Mo1V1（GB），德国1.2379（W-Nr），美国D2（AISI）等
K100	奥地利百禄	高碳高铬冷作模具钢，该钢具有高的耐磨性，优良的耐蚀性，用于不锈钢薄板的切边模、深冲模、冷压成形模等	中国Cr12（GB），德国1.2080（W-Nr），美国D3（AISI）等
K110	奥地利百禄	高韧性高铬冷作模具钢，该钢具有良好的强度、硬度和韧性，用于重载荷冷冲模等	中国Cr12Mo1V1（GB），美国D2（AISI）等
K460	奥地利百禄	油淬冷作模具钢，该钢具有高的强度，热处理变形小，用于金属冲压模具等	中国CrWMn（GB），德国1.2510（W-Nr），日本SKS31（JIS）等
M2	美国	用于冷作模具的钨钼系高速钢，美国AISI/SAE和ASTM标准钢牌号	中国W6Mo5Cr4V2（GB），德国1.3343（W-Nr），日本SKH51（JIS）等

（续）

进口钢牌号	产地	牌号简介	近似钢牌号
O1	美国	油淬冷作模具钢，美国 AISI/SAE 和 ASTM 标准钢牌号	中国 9CrWMn（GB），德国 1.2510（W-Nr），日本 SKS3（JIS）等
O2	美国	油淬冷作模具钢，美国 AISI/SAE 和 ASTM 标准钢牌号	中国 9Mn2V（GB），德国 1.2842（W-Nr），法国 90MnV8（NF）等
P18	俄罗斯	用于冷作模具钢的钨系高速钢，俄罗斯 ГОСТ 标准钢牌号	中国 W18Cr4V（GB），德国 1.3355（W-Nr），日本 SKH2（JIS），美国 T1（AISI）等
STD11	韩国	空淬冷作模具钢，是 D2 的改良型。其特点是高洁净度，硬度均匀，高耐磨性，高强度	中国 Cr12Mo1V1（GB），日本 SKD11（JIS）等
XW-10	瑞典—胜百	空淬冷作模具钢。其特点为韧性好，耐磨性高，热处理变形小	中国 Cr5Mo1V（GB），日本 SKD12（JIS），美国 A2（AISI）等
XW-42	瑞典—胜百	高碳高铬冷作模具钢。具有良好的淬透性、高韧性、高耐磨性，强韧性很好，并且耐回火性好，热处理变形小	中国 Cr12Mo1V1（GB），美国 D2（AISI），日本 SKD11（JIS）等
YK30	日本大同	油淬冷作模具钢。出厂退火硬度≤217HBW，常用于冷冲压模	中国 9Mn2V（GB），日本 SKT6（JIS），美国 O2（AISI）等
8407	瑞典—胜百	通用热作模具钢。用于锤锻模、挤压模、压铸模，也用于塑料模	中国 4Cr5MoSiV1（GB），美国 H13（AISI）等
DH21	日本大同	铝压铸模用钢。出厂退火硬度≤229HBW，钢的抗热疲劳开裂性能好，模具使用寿命较高	中国 4Cr5Mo1V（GB）等
DH2F	日本大同	易切削预硬化模具钢，属于 SKD61 改良型。预硬化后的硬度为 37～44HRC。钢的韧性良好，用于形状复杂、精密的热作模具，如铝、锌压铸模以及铝热挤压模，也用于塑料模	中国 4Cr5MoSiVS（GB）等
DH31S	日本大同	大型压铸模用钢。钢的淬透性高，抗热疲劳开裂性和抗热熔损性均良好。出厂退火硬度≤235HBW，用于铝、镁压铸模，铝热挤压模以及热剪切模、热冲模等	中国 4Cr5MoSiV（GB），美国 H11（AISI）等
DH42	日本大同	铜压铸模用钢。出厂退火硬度≤235HBW，用于铜合金压铸模和热挤压模	中国 4Cr3W2Co2Mo（GB）等
DHA1	日本大同	通用热作模具钢。钢的淬透性高，抗高温回火软化性和抗热熔损性均良好，抗热疲劳性和耐高温冲击性能优良	中国 4Cr5MoSiV1（GB），德国 1.2344（W-Nr），日本 SKD61（JIS），美国 H13（AISI）等

（续）

进口钢牌号	产地	牌号简介	近似钢牌号
GSW-2344	德国德威	通用压铸模用钢，属H13类型。出厂退火硬度≤210HBW，用于铝、锌合金压铸模等	中国4Cr5MoSiV1(GB)，日本SKD61(JIS)，美国H13(AISI)等
H10	美国	美国H系列热作模具钢的标准钢牌号(AISI/SAE,ASTM)	中国4Cr3Mo3SiV(GB)，德国1.2365(W-Nr)等
H11	美国	美国H系列热作模具钢	中国4Cr5MoSiV(GB)，德国1.2343(W-Nr)，日本SKD6(JIS)等
H13	美国	美国H系列热作模具钢，在我国广泛应用	中国4Cr5MoSiV1(GB)，德国1.2344(W-Nr)，日本SKD61(JIS)等
H21	美国	美国H系列热作模具钢，在我国广泛应用	中国3Cr2W8V(GB)，德国1.2581(W-Nr)，日本SKD5(JIS)，瑞典2730(SS)等
HDS-1	韩国	热作模具钢，是H13的改良型。具有良好的强韧性和耐回火性。出厂退火硬度≤229HBW，用于压铸模、热挤压模等	中国4Cr5MoSiV(GB)，日本SKD6(JIS)，美国H11(AISI)等
QRO-90	瑞典—胜百	热作模具钢，专利钢种。其特点是高温强度高，热导性好，耐热冲击和抗热疲劳。用于铝、铜合金压铸模以及挤压模、热锻模等	中国4Cr3Mo3SiV(GB)，美国H10(AISI)等
STD61	韩国	热作模具钢，近似于H13型。具有良好的高温强度和韧性，用于压铸模、热挤压模、热冲压模等	中国4Cr5MoSiV1(GB)，美国H13(AISI)，日本SKD61(JIS)等
W302	奥地利百禄	热作模具钢，用于铝、锌合金热挤压模、热冲压模等	中国4Cr5MoSiV1(GB)，日本SKD61(JIS)，美国H13(AISI)等
420SS	美国	耐蚀型塑料模具钢，美国AISI和ASTM标准钢牌号，属于马氏体型不锈钢	中国40Cr13(GB)，德国X34Cr13(DIN)，法国Z40C14(NF)等
440C	美国	耐蚀型塑料模具钢，美国AISI和ASTM标准钢号，属于马氏体型不锈钢	中国108Cr17(GB)，日本SUS440C(JIS)，俄罗斯95X18(ГОСТ)等
618	瑞典—胜百	预硬型塑料模具钢，在我国广泛应用	中国3Cr2Mo(GB)，美国P20(AISI)等
716	瑞典—胜百	耐蚀型塑料模具钢，属于马氏体型不锈钢	日本SUS420J1(JIS)，美国420(ASTM)等
718	瑞典—胜百	镜面塑料模具钢，该钢为P20+Ni类型模具钢，可预硬化交货。具有高的淬透性，良好的抛光性能、电火花加工性能和皮纹加工性能。适于制作大型镜面塑料模具、汽车配件模具、家用电器模具和电子音像产品模具	中国3Cr2NiMo(GB)等
G-STAR	日本大同	耐蚀型塑料模具钢。该钢可预硬化，出厂硬度33～37HRC，具有良好的耐蚀性和切削加工性	中国4Cr16Mo(GB)等

（续）

进口钢牌号	产地	牌号简介	近似钢牌号
GSW-2083	德国德威	耐蚀型塑料模具钢，具有良好的耐蚀性能，用于制造 PVC 材料的模具等	中国 40Cr13（GB）等
GSW-2311	德国德威	预硬型塑料模具钢，出厂预硬化硬度为 31～34HRC。该钢为 P20 类型模具钢，可进行电火花加工，用于大中型镜面塑料模具	中国 40CrMnMo（GB）等
GSW-2316	德国德威	耐蚀型塑料模具钢。可预硬化，出厂硬度为 31～34HRC，该钢具有优良的耐蚀性能和镜面抛光性能，用于镜面塑料模具	中国 4Cr16Mo（GB）等
GSW-2738	德国德威	镜面塑料模具钢。该钢为 P20+Ni 类型模具钢，可预硬化，出厂硬度为 31～34HRC，硬度均匀、抛光性能好，适于制作大中型镜面塑料模具	中国 3Cr2NiMnMo（GB）等
HEMS-1A	韩国	耐蚀型塑料模具钢，属于 30Cr13 型不锈钢，可预硬化，出厂硬度为 23～33HRC，具有高级镜面抛光性能，用于显像管玻壳模具等	中国 30Cr13（GB）等
HP-1A	韩国	普通塑料模具钢，具有良好的可加工性，加工变形小，用于玩具模具等	中国 50Mn（GB）等
HP-4A	韩国	预硬型塑料模具钢，该钢预硬化硬度为 25～32HRC，硬度均匀，可加工性能良好，用于汽车保险杠、电视机后盖模具等	中国 40CrMnMo（GB）等
HP-4MA	韩国	预硬型塑料模具钢，属于 P20 改良型，预硬化硬度为 27～34HRC，硬度均匀，耐磨性好，用于电视机前壳、电话机壳体、饮水机壳体等模具	中国 3Cr2MnMo（GB）等
M202	奥地利百禄	预硬型塑料模具钢，该钢属于 P20 改良型，碳、锰含量偏高，预硬化硬度为 30～34HRC，可进行电火花加工	中国 4Cr2MnMo（GB）等
M238	奥地利百禄	镜面塑料模具钢，该钢属于 P20+Ni 类型，但碳、锰含量偏高，可预硬化，出厂硬度为 30～34HRC，镜面抛光性好，可进行电火花加工	中国 4Cr2NiMnMo（GB）等
M300	奥地利百禄	耐蚀镜面塑料模具钢。该钢属于马氏体型不锈钢，具有优良的耐蚀性，高的力学强度和耐磨性，并有优良的镜面抛光性	中国 4Cr16Mo（GB）等
M310	奥地利百禄	耐蚀镜面塑料模具钢。该钢属于马氏体型不锈钢，具有优良的耐蚀性、耐磨性和镜面抛光性，用于塑料透明部件及光学产品模具	中国 40Cr13（GB）等

（续）

进口钢牌号	产地	牌号简介	近似钢牌号
HFH-1	韩国	火焰淬火硬化模具钢，具有较好的淬透性、良好的韧性和高的耐磨性，热处理变形小，用于大型镶块模具的冲压模、剪切下料模，也用于大动载荷的冷作模具等	中国 7CrSiMnMoV（GB）等
P20	美国	预硬型塑料模具钢。预硬化硬度一般在 30～42HBC 范围内。适用于形状复杂的大、中型精密模具	中国 3Cr2Mo（GB），德国 1.2330（W-Nr）等
STF-4M	韩国	高耐磨性热锻模具钢，该钢属于美国 6F2（AISI）的改良型，具有优良的抗热冲击性能和高的耐磨性，用于热锻模、热冲压模等	中国 5CrNiMoV（GB）等
PX5	日本大同	镜面塑料模具钢，可预硬化硬度为 30～33HRC。该钢为 P20 的改良型，用于大型镜面模具、汽车尾灯、前挡板模具、摄像机、家用电器壳体模具等	中国 4Cr2MnMo（GB）等
S45C、S50C、S55C	日本 JIS	普通塑料模具钢，常用于模具的非重要结构部件，如模架等。由于模具用钢的特殊要求，对这类钢生产工艺要求精料、精炼和真空除气，钢的碳含量范围缩小，控制较低的硫、磷含量	分别相当于中国 45、50、55（GB）等
S-136	瑞典一胜百	耐蚀型塑料模具钢，该钢属于马氏体型不锈钢，耐蚀性好，淬火、回火后有较高硬度，抛光性好。用于制造耐蚀性和耐磨性要求较高的塑料模具，如 PVC 材料模具、透明塑料模具	中国 40Cr13（GB）等
S-STAR	日本大同	耐蚀镜面塑料模具钢。该钢属于马氏体型不锈钢，具有高耐蚀性、高镜面抛光性，热处理变形小，用于耐蚀镜面精密模具	中国 30Cr13（GB）等

附录C　国内外K类和G类硬质合金牌号对照表

国际标准化组织 ISO	中国 GB	日本 JIS	美国 JIC	德国 DIN	英国 BHMA	俄罗斯 ГОСТ
K类硬质合金						
K01	YG3X	K01	C4	H3	930	BK3M
K10	YG6A YD10	K10	C3	H1	741	BK6M
K20	YG6	K20	C2	G1	560	BK6
K30	YG8	K30	C1	—	280	BK8 BK10
K40	YG15	K40	C1	G2	290	BK15
G类硬质合金						
G05	YG6X YD10	—	—	—	—	BK6
G10	YG6 YD10	E1	—	G1	—	BK6B
G15	YG8C	—	—	—	—	BK8B
G20	YG11C	E2	—	G2	—	BK10
G30	YG15	E3	—	G3	—	BK15
G40	YG20 YG20C	E4	—	G4	—	BK20
G50	YG25	E5	—	G5	—	BK25
G60	YG30	—	—	G6	—	BK30

参考文献

[1] 李志刚. 中国模具设计大典：第1卷［M］. 南昌：江西科学技术出版社，2003.
[2] 王运炎，朱莉. 机械工程材料［M］. 3版. 北京：机械工业出版社，2009.
[3] 模具实用技术丛书编委会. 模具材料与使用寿命［M］. 北京：机械工业出版社，2000.
[4] 张清辉. 模具材料及表面处理［M］. 北京：电子工业出版社，2002.
[5] 张鲁阳. 模具失效与防护［M］. 北京：机械工业出版社，1998.
[6] 钱苗根，等. 现代表面技术［M］. 北京：机械工业出版社，1999.
[7] 张继世，刘江. 金属表面工艺［M］. 北京：机械工业出版社，1995.
[8] 程培源. 模具寿命与材料［M］. 北京：机械工业出版社，1999.
[9] 陈勇. 模具材料及表面处理［M］. 北京：机械工业出版社，2002.
[10] 金涤尘，宋放之. 现代模具制造技术［M］. 北京：机械工业出版社，2001.
[11] 李德群，唐志玉. 中国模具设计大典：第2卷［M］. 南昌：江西科学技术出版社，2003.
[12] 高为国，钟利萍. 机械工程材料［M］. 2版. 长沙：中南大学出版社，2012.
[13] 徐进，等. 模具材料应用手册［M］. 北京：机械工业出版社，2001.
[14] 吴兆祥. 模具材料及表面处理［M］. 2版. 北京：机械工业出版社，2008.
[15] 蔡美良，等. 新编工模具钢金相热处理［M］. 北京：机械工业出版社，1998.
[16] 叶伟昌. 刀具模具设计简明手册［M］. 北京：机械工业出版社，1999.
[17] 中国机械工程学会热处理专业分会. 铸造手册：第2卷［M］. 3版. 北京：机械工业出版社，2012.
[18] 冯晓曾，等. 提高模具寿命指南［M］. 北京：机械工业出版社，1994.
[19] 戴金辉，葛兆明. 无机非金属材料概论［M］. 2版. 哈尔滨：哈尔滨工业大学出版社，2001.
[20] 樊东黎，等. 热处理技术数据手册［M］. 2版. 北京：机械工业出版社，2006.
[21] 中国机械工程学会热处理专业分会. 热处理手册：第1卷［M］. 4版. 北京：机械工业出版社，2013.
[22] 申树义，高济. 塑料模具设计［M］. 北京：机械工业出版社，1993.
[23] 王德文. 新编模具实用技术300例［M］. 北京：科学出版社，1996.
[24] 机械电子工业部. 模具材料与热处理［M］. 北京：机械工业出版社，1993.
[25] 徐进，等. 模具钢［M］. 北京：冶金工业出版社，1998.
[26] 陈再枝，蓝德年. 模具钢手册［M］. 北京：冶金工业出版社，2002.
[27] 许发樾. 模具标准应用手册［M］. 北京：机械工业出版社，1994.
[28] 王广生，等. 金属热处理缺陷分析及案例［M］. 2版. 北京：机械工业出版社，2007.
[29] 熊剑. 国外热处理新技术［M］. 北京：冶金工业出版社，1990.
[30] 王国凡. 材料成形与失效［M］. 北京：化学工业出版社，2002.
[31] 王家瑛. 模具材料与使用寿命［M］. 北京：机械工业出版社，2000.
[32] 董允，等. 现代表面工程技术［M］. 北京：机械工业出版社，2000.